KB051194

지리 창문을 열면

청소년을 위한 지리학개론

지리 창문을 열면

서태동 · 하경환 · 이나리

푸른길

머리말 ✍

   세상 모든 것이 지리입니다. 일반인들에게 지리가 흥미롭고 호기심을 유발하는 것이라면 참 좋겠지만, 지리는 어렵다는 느낌이 먼저 들까 봐 걱정입니다. 10년 가까이 학교 현장에서 지리를 가르쳐 오면서, "지리가 참 재미있어요!" 혹은 "선생님은 좋은데, 지리는 너무 어려워요"라고 말하는 학생들을 만났습니다.

   제가 고등학생 때 배웠던 지리 내용을 생각해 봅니다. 20여 년 전 고등학생 시절 제가 배웠던 지리 내용은 최근 지리 교과서에 아직까지도 자리 잡고 있습니다. 모학문인 지리학은 빠르게 변화하고 있지만, 학교에서 가르치고 배우는 지리는 모학문의 발전 속도와 수준을 흡수하지 못하고 있습니다.

   이에 따라 지리는 현실과 틈이 더욱 벌어지고, 사회과학으로서 지리학은 우리 현실을 의미 있게 설명하기보다는 우리 삶과 동떨어진 것으로 보이게 됩니다.

또한 매년 대학수학능력시험이 끝난 후에 여러 현장 교사의 성토가 이어집니다. 사회탐구영역의 한국지리, 세계지리 문제는 지리 문제가 아니라 통계학 문제처럼 되어 버렸습니다. 정말 재미있게 지리를 공부하고, 누구보다 열심히 준비했던 학생들이 원하는 등급을 받지 못하는 상황도 생깁니다. 지리의 본질에서는 정확한 수치 하나를 알고 모르는 것이 그리 중요하지 않습니다. 우리가 이 세상에 함께 살아가고 있다는 사실을 인식하는 것 자체가 지리의 본질에 더욱 가깝습니다. 하지만 평가에서는 이를 반영하지 못합니다.

얼마 전 학교에서 지리 그리기 대회를 개최했습니다. 일

년 동안 지리를 배워 온 학생들이 자신의 생각을 그림으로 표현할 수 있는 기회였습니다. 그런데 저는 한 학생의 질문에 한동안 멍해졌습니다.

"선생님! 지리가 뭐예요?"

일 년 동안 지리를 배워 왔지만, 학생들은 지리 교과서의 내용만을 배웠지, 지리를 배운 것이 아니었습니다. 학교 지리와 우리가 생각하는 지리와의 간극을 좁혀야겠다고 생각했습니다.

학교에서 동료 선생님이 묻습니다.

"선생님은 전공이 한국지리예요? 세계지리예요?"

학교에서 지리 교과는 한국지리와 세계지리로 나뉘어 있기 때문에 타 교과 교사나 일반인들은 지리를 보통 이렇게 두 가지로 생각하나 봅니다. 그러나 지리교육과에 진학하면 지형학, 기후학, 도시지리, 경제지리, 문화지리, 지도학, 지리정보시스템(GIS)을 비롯하여 지리교육 관련 교과를 이수해야 합니다. 그중 범위를 한국으로 하여 만든 교과목이 한국지리, 세계를 대상으로 만든 교과목이 세계지리입니다.

지리 교사들의 지리 인식과 일반인들의 지리 인식에는

또한 차이가 있습니다. 일반인들은 '지리'라고 하면 주로 수도가 어디인지 맞추는 것을 떠올립니다. 부루마블이나 모두의마블을 해 본 세대는 이 정도가 지리라고 생각합니다. TV 예능프로그램에서 지리 문제를 낸다고 해도 이 수준에 그치고 맙니다.

지리 교사들은 많은 고민을 하고 살아갑니다. 이렇게 벌어진 틈 사이에서 어떻게 의미 있는 연결고리를 만들 수 있을까요?

『지리 창문을 열면』에서는 우리가 일상적으로 접하게 되는 지리를 주제로 잡았습니다. 미국 지리교육공동위원회(Joint Committee on Geographic Education)는 1984년에 지리의 5가지 근본 주제(입지, 장소, 장소 내 관계, 이동, 지역)를 제시했습니다. 이 주제를 기본으로 삼고 이 책에 녹여 냈습니다. 또한 최근 많은 사람이 관심을 가지는 '공간', 연구방법론으로서 가치가 있는 '스케일', 그리고 지리라고 했을 때 보통 가장 먼저 떠올리는 '지도'를 담았습니다.

세상의 모든 것이 지리입니다. 공간적 관점을 가지고 세상을 바라보면 이전에 볼 수 없었던 여러 모습을 볼 수 있습니다. 중·고등학교에서 '지리란 무엇인가'에 대한 개론 수업을 만들기는 어렵습니다. 그러나 2015개정 교육과정이 시행되는 2018년부터 학생 참여형 수업이 적극 권장됩니다. 이를 위해서는 교육과정 재구성이 필수적입니다. 현장 교사들이 이 책을 읽고, 지리교육과정 재구성에 대한 아이디어를 얻었으면 합니다. 또한 중학생들은 사회1, 사회2를 배우기 전에 그리고 고등학생들은 통합사회, 한국지리, 세계지리, 여행지리를 배우기 전에 이 책을 꼭 읽었으면 하는 마음입니다.

각 장의 끝부분에는 '글쓰기 주제'를 넣었습니다. 학생들이 이 책을 통해 말하기, 글쓰기, 그리기 등 자기표현능력을 키웠으면 하는 바람입니다. 그리고 학생들이 지리에 대한 생각을 더 키우는 데 도움이 될 수 있도록, 책 마지막 부분에 '더 읽으면 좋을 책'을 넣었습니다. 관심 있는 독자 여러분은 심화 읽기에 도전했으면 합니다.

모르고 봤을 때는 보이지 않지만, 알고 보면 지리가 보입니다. 우리 삶은 지리와 깊고 의미 있게 연결되어 있습니다. 여러분이 최소한 이 책에 담긴 내용은 알았으면 합니다. 그래서 이 책의 부제를 '청소년을 위한 지리학 개론'

으로 정했습니다. 대학교에 가면 본격적으로 전공을 배우기 전에 개론(introduction)을 먼저 배웁니다. 이처럼 중·고등학교 지리 수업 전에 이 책을 읽어 보기를 권합니다.

지리 창문으로 세상을 보면 어떻게 보일까요? 다 함께 지리 창문을 활짝 열어 봅시다.

2018년 9월
서태동, 하경환, 이나리 올림

•목차•

1장

지리, 세상 모든 것

이 글을 읽고 있는 여러분은 무엇이 '지리'라고 생각하나요? 학교에서 지리를 배운 친구라면 지도나 지형 같은 단어를 떠올릴 테고, 아직 지리를 배우지 않은 친구라면 예전에 대유행한 "지리구요? 오지구요?"라는 급식체를 말할 수도 있겠네요. 아마도 여러분과 제가 알고 있는 지리는 조금 다른 것 같습니다. 그럼 무엇이 다른지 한번 알아볼까요? 지리를 공부할 때는 다른 점을 찾아내는 것도 굉장히 중요하니까요.

우선 한자와 영어로 지리를 어떻게 표현하는지 알아보겠습니다. 지리는 한자로 '땅 지(地)'와 '이치 리(理)'입니다. 곧 땅의 이치를 다루는 학문이 지리학인 것이죠. 한편 영어로는 지오그래피(geography)라고 씁니다. 이때 'geo'는 '땅', 'graphy'는 '그림'을 뜻하는 라틴어입니다. 결국 지오그래피는 땅을 그리는 학문입니다. 대지의 여신 가이아(Gaia)와 과학 시간에 배우는 초대륙 판게아(Pangaea) 역시 'geo'라는 어원을 포함하는 단어입니다.

이처럼 지리는 한자로 쓰든, 영어로 쓰든 모두 땅과 관련되어 있습니다. 아울러 인간이 땅에 살면서 겪는 모든 과정과 경험을 담고 있습니다. 또한 한글 창제의 원리인

천(天), 지(地), 인(人)이 모두 녹아 있으며, 땅속과 바닷속에 대한 내용도 포함합니다. 사람은 어디선가 발견한 돌멩이 한 개, 어디선가 잡은 물고기 한 마리에 관심을 가지면서 세상을 탐구해 나갑니다. 그리고 이 과정에서 이루어지는 수많은 상호작용이 '지리'라는 학문을 구성합니다.

그러면 일상 속에서 지리가 반영된 것들을 찾아볼까요? 우선 고대 중국 영웅호걸들의 활약상을 다룬 유명한 소설인 『삼국지』가 있습니다. 유비, 관우, 장비가 의형제를 맺고 천하 통일을 위해 다양한 전략과 전술을 겨루는 이야기죠. 삼국지의 등장인물은 모두 각자의 매력이 있지만 학자이자 지장(智將)으로서 특별한 두 사람이 있습니다. 와룡(臥龍) 제갈량과 봉추(鳳雛) 방통이 그들입니다. 둘 중 한 명이라도 같은 편으로 삼는다면 천하 통일을 할 수 있다고 언급될 정도니까요. 특히 제갈량은 지리의 대가로서 걸출한 활약상이 돋보이는 인물입니다.

제갈량은 삼국지의 영웅들 중 천문과 지리에 능통했고 적벽대전[1]에서 엄청난 능력을 보여 줍니다. 삼국지의 여

---

1) 중국 삼국시대인 208년에 손권, 유비의 소수 연합군이 조조의 대군을 적벽에서 크게 무찌른 싸움을 말합니다.

러 장면들 중에서도 적벽대전은 가장 스펙터클하게 묘사됩니다. 적벽에서 위나라 수군을 물리치기 위해 작전을 세우던 중 제갈량은 위나라를 이기려면 동남풍이 불어야 한다는 오나라 장수들의 말을 듣게 됩니다. 이에 제갈량은 자신의 목숨을 담보로 동남풍을 만들어 낼 것을 약속합니다. 그리고 전투 직전, 제단에 올라 바람의 방향을 바꾸는 의식을 거행하자 약속했던 것처럼 동남풍이 불게 됩니다. 결국 오나라 수군은 동남풍을 이용한 화공(火攻)으로 위나라의 함대를 크게 격파합니다. 마치 제갈량이 마법으로 바람을 바꾼 것처럼 보이지만, 사실 그는 바람의 방향이

바뀌는 시기를 알고 있었습니다. 오랫동안 자연을 관찰해 온 결과, 언제 풍향이 바뀌는지를 정확히 파악했기 때문이죠. 이 밖에도 삼국지의 남만 정벌 편에서 제갈량의 지리 지식은 빛을 발합니다. 남만 땅의 지리에 어두운 아군이 불리한 상황에 처할 때마다, 제갈량은 남만의 지형과 기후 등을 역이용하여 승리를 이끌어 냈습니다. 그리고 이길 때마다 남만의 왕 맹획을 잡았다 풀어 주었죠. 결국 일곱 번 잡혔다 풀려난 맹획은 제갈량이 속한 촉나라에 충성을 바치겠다고 눈물을 흘리며 맹세합니다. 이 칠종칠금(七縱七擒)[2] 이야기가 탄생한 과정 역시 지리적 특징을 전략에

---

2) '일곱 번 잡았다 일곱 번 풀어 준다'는 뜻입니다.

100% 활용한 제갈량의 기지가 반영된 부분이지요.

이후 교통과 기술의 발달로 미지의 세계가 모습을 드러내기 시작하면서 지리학은 전성기를 맞이하게 되었습니다. 탐험가들은 새로운 존재를 찾아 세상 여기저기를 돌아다녔고, 발견한 지점을 좌표로 정리하였으며, 그 특징을 기록했습니다. 이러한 기록들이 지도에 하나씩 쌓여 가게 되었고, 남보다 먼저 새로운 것을 발견하고자 하는 이들에게 독도법(讀圖法)[3]과 지리학은 필수가 됩니다. 이와 발을 맞추어 어렸을 때부터 지리에 익숙해지는 교육 방법이 중요해지기 시작합니다.

저는 초등학생 시절에 친구들과 종종 논쟁을 벌이곤 했습니다. 당시 친구들에게 육하원칙에 맞춰 이야기해 달라고 자주 말했던 기억이 납니다. 어렸을 때라 육하원칙을 정확히 맞춰 가며 논쟁하기는 어려웠지만 말이죠. 설득력 있는 말하기의 기본인 육하원칙은 '누가(Who)?, 언제(When)?, 어디서(Where)?, 무엇을(What)?, 왜(Why)?, 어떻게(How)?'로 구성되어 있습니다. 그리고 각각의 앞

---

3) 지도를 보고 표시되어 있는 내용을 해독하는 법을 말합니다.

글자를 따서 '5W1H'로 표현합니다. 이들 중 지리에서 가장 중요한 질문 두 가지는 '어디서(Where)?'와 '왜(why)?'입니다. 지리는 주로 '어떤 현상이 나타나는 곳들의 특징'에 대해 탐구하기 때문입니다.

많은 이들이 친구를 만나기 위해 전화를 걸자마자 "안녕, ○○아? 지금 어디야?"라고 물어보고는 합니다. 이때 "어디야?"는 '위치'를 물어보는 질문입니다. 우리의 행위를 결정하는 과정에서 우리가 어디에 있는가는 매우 중요합니다. 그럼에도 불구하고 중요하다는 생각조차 하지 못할 때가 많습니다. 또한 우리가 어디에 있는지에 따라서 생각과 행동은 크게 영향을 받습니다. 친구들과 노래를 부르며 놀기 위해 도서관 같은 공공장소를 찾거나, 조용히 책을 읽기 위해 피시방 같은 장소에 방문하지는 않을 것입니다.[4]

지리학에서는 인간과 자연의 상호작용을 크게 네 가지 관점으로 연구해 왔습니다. 첫 번째는 환경결정론으로, 환경이 인간 생활에 절대적인 영향을 미친다는 관점입니다.

---

4) 박승규, 2009, 『일상의 지리학』, 책세상, p.16.

만약 지금 지구 방방곡곡에 살고 있는 여러분 또래의 친구들에게 SNS를 통한 중계가 가능하다면, 저는 바로 아래와 같은 이벤트를 진행해 보고 싶습니다.

"여러분, 지금 집 밖으로 나와 보세요! 그리고 지금 입고 있는 옷이 보이도록 셀카를 찍고, 사진 위에 여러분이 사는 곳의 이름을 적어 SNS에 올려 보세요. 그다음, 친구들이 올린 사진에서 느낄 수 있는 계절을 댓글로 달아 봅시다. 자~ 저도 방금 참여했습니다. 저는 한국에서 셀카를 찍어 올렸는데요, 한국은 지금 어떤 계절일지도 맞춰 보세요~ 댓글 부탁합니다!"

아마도 저위도(열대 기후) 지역에 사는 친구들은 얇은 옷을 입고 선글라스를 쓰고 있는 인증 샷을, 고위도(냉대 및 한대 기후) 지역의 친구들은 두터운 점퍼를 입고 눈, 코, 입만 살짝 내놓은 인증 샷을 올릴 것입니다. 그런데 우리나라는 북반구의 중위도에 위치하고 있기 때문에 사계절이 모두 잘 나타납니다. 그렇기 때문에 우리나라에 사는 친구들은 계절에 따라 다른 인증 샷을 찍어 올릴 것입니다. 이렇게 사진 이벤트를 통해 기후나 계절에 맞게 옷을 입은 다양한 친구들의 모습을 볼 수 있습니다.

제가 생각한 이 이벤트는 다소 엉뚱할 수 있지만 지리에서 제시하는 환경결정론의 적용 사례로 적합하다는 생각이 듭니다. 만약 보다 깊이 있는 지식을 원한다면 재레드 다이아몬드가 쓴 『총, 균, 쇠』라는 책을 권해 드리고 싶습니다. 이 책에서는 구대륙 사람들이 '총, 균, 쇠'의 힘으로 신대륙을 지배할 수 있었다고 이야기하고 있습니다. 특히 야생 동식물을 집에서 기르게 된 과정에서 총, 균, 쇠의 역할을 강조합니다. 이 내용은 "왜 유라시아 대륙에는 많은 사람을 먹여 살릴 수 있는 작물과 가축들이 존재했을까?"라는 질문으로 시작됩니다.

서남아시아의 비옥한 초승달 지대에서 시작된 야생 식물의 작물화는 같은 위도대의 동서 방향으로 확산됩니다. 같은 위도에서는 계절 변화가 동일하게 나타나므로 재배할 수 있는 작물의 종류 또한 비슷합니다. 특히 유라시아 대륙은 동서로 길게 이어져 있으므로 동일한 위도대의 유라시아 대륙 전역에 작물과 가축이 퍼지게 됩니다. 반면에 아메리카 대륙은 남북 방향으로 깁니다. 이 경우 여러 개의 위선이 대륙에 걸치게 되면서 다양한 기후대가 나타나므로 특정 기후대에서 재배되는 작물이 대륙 전체로 퍼지기는 어렵습니다. 이러한 이유로 유라시아 대륙(구대륙)에서는 아메리카 대륙(신대륙)보다 야생 동식물의 가축화, 작물화가 먼저 이루어졌고, 유라시아 대륙 사람들은 풍부한 식량을 확보할 수 있었습니다. 그 결과 정착 생활이 시작됩니다.

한곳에 정착하여 터전을 잡으면서 부락과 마을이 생겨나고, 사람이 많아지면서 식량을 저장해 두어야 할 필요성이 커졌습니다. 이때부터 식량을 많이 가진 사람이 힘을 가지게 되었고 점차적으로 사회 계층의 분화가 진행됩니다. 계층별로 역할을 분담하여 공동체를 운영하다 보니 효율적인 측면도 있었지만, 공동체의 규모가 커지면서 위생 상태가 나빠지고 이에 따른 질병이 발생하기도 했지요. 특히 병에 걸린 사람이 다른 사람과 접촉하면서 구성원 전체가 병을 앓기도 합니다. 그나마 다행인 것은 구대륙 사람들이 계속해서 병과 싸워 나가면서 항체를 가지게 되었다는 사실입니다. 즉 병에 대한 내성을 갖춘 것이죠.

구대륙 사람들은 이렇게 병에 대한 저항력을 키우며 정

착 생활에 익숙해졌지만, 여전히 수렵과 채집에 의존하고 있었던 신대륙 사람들은 구대륙 사람들보다 병에 대한 내성이 약했습니다. 또한 외부 세계의 위험에 대해서도 전혀 인지하지 못한 상태였지요. 결국 먼저 문명을 발달시킨 구대륙 사람들이 총, 균, 쇠를 가지고 신대륙에 발을 디뎠고, 신대륙 사람들은 손써 볼 틈도 없이 정복당할 수밖에 없었습니다. 가장 자주 인용되는 사례가 스페인과 잉카 제국의 전쟁입니다. 피사로가 이끄는 불과 168명의 스페인 군인들은 철제 칼과 총, 구대륙에서 묻혀 온 천연두 같은 질병의 파괴력에 힘입어 8만 명이 넘는 잉카 제국군에게 어렵지 않게 승리했습니다.

두 번째로 등장한 관점이 가능론입니다. 가능론은 인간이 자연을 극복하기 위해 발휘하는 자유의지를 강조합니다. 쉽게 말하면 자연을 이용하여 뭐든지 할 수 있다는 생각이죠. 가능론의 전성기는 산업혁명 이후에 시작되었습니다. 이때는 자연을 자원으로 생각했고, 자원이 고갈될 것이라고 믿는 이들은 극소수였습니다. 많은 사람이 시커먼 연기를 내뿜는 굴뚝이야말로 사회 발전의 상징이라 생각했습니다. 아울러 각종 자연재해도 충분히 막아 낼 수 있음을 강조하기 시작했지요. 예를 들면 비가 엄청나게 많이 내려 홍수가 나거나, 비가 너무 안 와서 심한 가뭄이 발생했을 때 인간은 이를 극복하기 위해 노력했습니다. 댐을 만들어 물을 저장하거나 내보내며 강물의 흐름을 조절했지요. 또한 네덜란드와 같이 인간이 거주할 땅이 부족한 나라에서는 넓은 갯벌을 메워서 농사를 짓고 살 수 있는 땅을 만들기도 했습니다. 이러한 댐 건설, 자원 채굴, 간척 사업 등은 가능론의 대표적인 사례입니다.

다음으로 가능론이 조금 변형된 문화결정론이 있습니다. 문화결정론은 특정 집단이 가지고 있는 문화를 바탕으로 생활이 이루어진다는 관점입니다. 일제 강점기에 중앙아시아로 강제 이주 당했던 한국인들은 건조하고 척박한 환경에서도 벼농사를 지어 쌀밥을 해 먹었습니다. 아메리카로 이주한 유럽인들 역시 그들에게 익숙한 작물인 밀을 수확하여 빵을 만들어 먹었습니다. 물론 지금은 중앙아시아든 아메리카 대륙이든 이러한 식생활이 보편화되어 있습니다.

끝으로 인간과 환경의 상호작용을 무엇보다 강조하는 생태학적 관점이 있습니다. 쉽게 말해서 인간이 환경에 영향을 주는 만큼, 환경도 인간에게 영향을 준다는 것이죠. 오래전 함무라비 법전에 반영된 '눈에는 눈, 이에는 이'의 원칙과 동일합니다. 예를 들어 새만금 갯벌을 간척하여 농업 용지와 공업 용지를 확보했지만, 갯벌에서 생산되던 식량 자원들이 오염으로 인해 못 쓰게 되고 결국에는 지역 주민들에게 피해를 끼친 일이 있었습니다. 또한 환경영향평가도 제대로 안 됐던 '4대강(한강, 금강, 영산강, 낙동강) 살리기'라는 말도 안 되는 사업의 결과, 낙동강에는 매년 '녹조 라떼'라 불리는 독성 녹조가 가득 퍼지게 되었습니다. 이처럼 자연에 부정적인 영향을 주면 동식물은 물론 인간들에게도 응분의 대가가 돌아옵니다. 오염된 환경으로 인한 문제가 커지자 세계 각국에서는 자연환경과 긍정적인 영향을 주고받아야만 한다는 목소리가 커졌습니다. 이에 제임스 카메론 감독은 그의 영화 〈아바타〉에서 생태학적 관점의 중요성을 강조하여 표현했습니다.

영화 〈아바타〉에 등장하는 종족인 '나비족'은 열대 우림과 유사한 원시림 속에서 다른 생물들과 영적인 교감을 나누면서 살아갑니다. 영화에 등장하는 생물학자(시고니 위버)는 나비족이 사는 숲이 인체의 세포나 신경 조직과 유사하게 서로 네트워크를 조직하며 유지된다고 말합니다. 나비족을 연구하는 다른 인간들 역시 나비족의 숲 안에서 생화학적·생의학적으로 얻을 것이 많다는 걸 알게 됩니다. 그러나 경제적인 이익에만 집착하는 특정 인간 집단은 생태학적 사고를 배제한 채 숲을 공격함으로써 나비족을 힘으로 정복하려고 합니다. 그들의 목적은 울창한 숲에 매장된, 첨단 산업의 원료인 희귀 금속을 독점하는 것이었습니다. 이들은 첨단 무기와 로봇을 사용하여 숲을 무자비하게 파괴하고, 숲에 사는 나비족을 몰살시키거나 다른 곳으로 이주시키려고 합니다. 그러나 나비족의 세계에 친숙해진 주인공(샘 워싱턴)은 나비족 아바타의 몸으로 들어가 뿔뿔이 흩어진 나비족을 재결집시킵니다. 결국 나비족을 포함한 모든 생태계 구성원은 숲의 영혼을 통한 네트워크를 조직하여 침입자들을 몰아내고 그들의 터전을 지켜 냅니다. 영화의 마지막 부분에서 하반신 불구의 상태로 살아왔던 주인공은 나비족 전사의 몸으로 영혼을 이전하여 새로운 삶을 살아가게 됩니다. 그는 자연과의 긍정적인 상호작용을 중시했던 나비족의 삶에서 자신이 원하던 행복을 보았던 것일까요?

    심리학자 서은국의 『행복의 기원』이라는 책에서는 목적
론과 진화론을 통해 행복을 설명합니다. "인간이 태어난
이유는 행복하게 살기 위해서다"라는 말은 목적론을 반영
하고 있지만, "행복은 단지 인간이 생존하기 위한 수단에
불과하다"라는 말은 진화론의 관점에서 행복을 바라본 것
입니다. 이 책에서는 행복을 감정의 경험이라고 정의하고,
진화론적 측면에서 행복을 해석하고 있습니다. 이때 인간
의 생존과 행복은 다양한 외부 요소를 고려하여 이야기할
수 있는데, 그중 지리적 요소를 빼놓을 수 없습니다. 어쨌
거나 행복도 '삶을 유지해 나가기 위한 작용'이라면 주변

환경을 잘 이용해야 하기 때문입니다. 그래서 지금부터는 '행복'을 만들기 위해 갖춰야 할 공간적 관점, 즉 지리 창문을 통해 세상을 바라보는 과정을 이야기하려 합니다.

우선 공간적 관점을 통해 행복을 만들어 내기 위해서는 "내가 행복을 느끼는 장소는 어디이며 그 이유는 무엇일까?"라는 핵심 질문에 대해 고민해 봐야 합니다. 그리고 여기서부터 "내가 행복을 느끼려면 공간을 어떻게 바꿔야 할까?", "국가별로 행복지수에는 어떤 차이가 있을까?", "왜 그러한 차이가 나타날까?"라는 질문이 꼬리를 물고 이어지게 됩니다. 이러한 질문에 대한 답을 내 주변 공간을 구성하는 요소에서 찾아보려는 관점이 공간적 관점이라고 할 수 있습니다. 이때 내가 있는 '자리'에 대한 작은 고민에서 지역사회와 전 세계의 상황으로 생각의 범위를 확장해 가야 합니다.

언어유희를 한번 해 볼까요? 오래전 이런 가사가 어떤 대중가요 속에 있었습니다. "님이라는 글자에 점 하나만 찍으면 남이 되는…" 이와 비슷한 언어유희로, '지리'라는 단어에 점 하나만 추가하면 '자리'가 됩니다. 이 두 단어는 생각보다 밀접한 관계를 맺고 있습니다. 지리에서 '자리'

는 '자리 잡음'을 의미하며, 이는 '입지(location)'라고도 합니다.

우리는 엄마 배 속에 자리 잡으면서 삶을 시작하고, 죽어서는 무덤이나 납골당 등에 자리를 잡게 됩니다. 우리의 인생은 언제나 자리 잡음의 연속입니다. 어디에 사느냐, 어디에서 공부하느냐, 어디에서 일하느냐 등이 모두 자리 잡음과 연결되어 있습니다. 우리는 중력의 지배를 받는 유기체이므로 항상 땅에 몸을 디디며 살아갈 수밖에 없습니다. 그래서 "어떻게 하면 땅에 몸을 잘 기대며, 더 행복하게 살아갈 수 있을까"라는 질문에 대한 답을 얻기 위해 지리를 알아야 합니다. 아마 지리를 배우는 것은 좀 더 좋은 터전에서 삶을 유지하기 위한 본능일지도 모릅니다.

보다 구체적인 주제인 '입지'에 대해서는 2장에서 자세히 살펴보겠습니다.

 글쓰기 주제: '어느 지리적인 날'을 주제로 오늘 자신이
경험한 24시간을 글로 써 보자.

🖉

~~~~~~~~~~~~~~~~~~~~~~~~~~~~~~~~

~~~~~~~~~~~~~~~~~~~~~~~~~~~~~~~~

~~~~~~~~~~~~~~~~~~~~~~~~~~~~~~~~

~~~~~~~~~~~~~~~~~~~~~~~~~~~~~~~~

~~~~~~~~~~~~~~~~~~~~~~~~~~~~~~~~

~~~~~~~~~~~~~~~~~~~~~~~~~~~~~~~~

~~~~~~~~~~~~~~~~~~~~~~~~~~~~~~~~

~~~~~~~~~~~~~~~~~~~~~~~~~~~~~~~~

~~~~~~~~~~~~~~~~~~~~~~~~~~~~~~~~

~~~~~~~~~~~~~~~~~~~~~~~~~~~~~~~~

~~~~~~~~~~~~~~~~~~~~~~~~~~~~~~~~

~~~~~~~~~~~~~~~~~~~~~~~~~~~~~~~~

2장

입지, 지리는 자리

프랑스의 사상가 장폴 사르트르(Jean-Paul Sartre)는 "인생은 B와 D 사이에 있다"라는 말을 남겼습니다. 여기서 B는 출생(Birth)이고, D는 사망(Death)입니다. 좀 어정쩡할 수 있겠지만 알파벳을 이용해 심오한 의미를 담아냈던 사르트르를 따라 해 보겠습니다. 자, 알파벳 B와 D 사이에는 C가 있습니다. 이때 B는 나쁜(Bad)이고 D는 매우 기쁜(Delightful)입니다. 그렇다면 C는 무엇으로 하면 좋을까요? C로 시작하는 단어는 여러 개가 있습니다. 도전(Challenge)이 될 수도 있고, 기회(Chance)가 될 수도 있습니다. 이 글에서 저는 선택(Choice)으로 하겠습니다. 선택은 많은 의미를 담고 있기 때문입니다. 우리는 항상 어디에 앉을까, 어디에 자리 잡을까를 고민하고 선택하며 살아갑니다. 사르트르가 지리학자였다면 "선택은 B와 D 사이에 자리 잡고 있다"라고 말하지 않았을까요?

우리는 하루 24시간을 선택만으로 채울 수 있습니다. 아침 식사는 간단히 죽을 먹을까? 아니면 빵을 먹을까? 학교에는 버스를 타고 갈까? 아니면 지하철을 타고 갈까? 어디서 데이트를 할까? 등 끝도 없습니다. 그러니 범위를 조금 좁혀서 생각해 보도록 하겠습니다. 우선 새 학기를 시작하는 학생과 선생님의 선택입니다. 학생은 새 학기 첫날 교실에 들어가면서 어디에 앉을까를 고민하고, 선생님도 새로 배정받은 교무실에 들어서면 가장 먼저 어디에 앉을까를 고민합니다. 대체로 수업과 공부하는 것에 관심이 많은 학생은 앞자리를, 선생님의 눈을 피해 수업 시간에 다른 활동을 하려는 학생은 뒷자리를 선호합니다. 선생님의 경우 가급적이면 교감 선생님의 시선을 적게 받을 수 있는 곳을 선택합니다. 하지만 열심히 하는 모습을 보여 좋은 평판을 쌓기 위해 눈에 잘 띄는 자리를 고르기도 합니다. 물론 학생이든 선생님이든 자신이 원하는 방향과 반대로 될 수 있다는 위험은 감수해야 합니다.

가정사로 눈을 돌려 봅시다. 여러분에게 여러 명의 삼촌, 이모, 고모가 있요? 명절을 맞아 친지들이 모인 자리에서 집안 어른들은 여러분과 나이 차가 많이 나지 않는 삼촌, 이모, 고모에게 종종 이렇게 묻습니다. "○○아, 자리는 잡았냐?"라고 말이죠. 사실 이 말은 "취직은 했냐?"란 의미입니다. 적절한 시기에 직장을 잡아 경제 문제에서 홀로서기 할 수 있는지를 물어보시는 거죠. 학생이나 어른이나 각각의 상황에 맞게 자리 잡는 것은 중요합니다.

데이트를 계획하는 과정에서도 자리를 잘 잡아야 합니다. 상대를 처음 만나 관계를 지속해 나가기 위해서는 분위기 있는 만남의 장소를 선택해야 하고, 그곳의 조명, 메뉴 등의 적합성도 고려해야 합니다. 둘만의 추억을 남기기 위해 영화를 보러 갈 때에도 커플석 예약이 가능한 극장을 택하는 게 좋습니다. 그런데 우리는 이렇게 중요한 자리 잡기를 우리 마음대로 할 수 있을까요? 사실 소수의 선택지를 놓고 고민해야 하는 상황이 많습니다. 이미 내가 앉을 자리가 정해져 있거나 양자택일만이 가능한 경우가 그렇죠. 자, 〈그림 2-1〉을 보면서 생각해 볼까요?

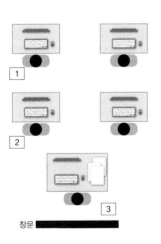

〈그림 2-1〉 직장 내 자리 배치

이 그림은 직장에서 흔히 볼 수 있는 자리 배치입니다. 이때 가장 직위가 높은 사람은 1~3번 자리 중에서 어디에 앉겠습니까? 예상하셨겠지만 가장 서열이 높은 사람은 3번 자리에 앉습니다. 그다음 높은 사람은 2번, 제일 서열이 낮은 사람은 1번에 앉게 되죠.

3번 자리에 앉은 사람은 1, 2번 자리에 앉은 사람들의 모니터를 볼 수 있습니다. 그들이 일을 하는지, 인터넷 쇼핑을 하는지, 게임을 하며 놀고 있는지 다 알 수 있습니다. 그러나 1번에 앉은 사람은 2, 3번에 앉은 사람들이 무엇을 하는지 볼 수도, 알 수도 없습니다. 특히 1번에 앉은 사람은 2번에 앉은 사람뿐만 아니라 3번에 앉은 사람의 눈초리도 신경 써야 합니다. 물론 3번에 앉는 직장 상사의 모니터 역시 창문에 반사되어 누군가의 눈에 들어올 수 있으니, 주의해야겠죠? 이처럼 일방적으로 시선을 줄 수 있다는 것은 곧 권력을 가진다는 뜻입니다. 이를 '시선 권력'이라고 합니다.

시선 권력과 관련된 또 하나의 사례로 공리주의자인 제러미 벤담(Jeremy Bentham)이 설계한 원형 감옥 '판옵티콘(panopticon)'이 있습니다. 판옵티콘 중앙에는 늘 어두

운 감시탑이 있고, 죄수의 방에는 계속 조명이 비칩니다. 그리고 서열이 가장 높은 간수장은 감시탑 안에서 죄수들을 지켜봅니다. 하지만 죄수들은 간수장이 탑에 있는지 없는지 눈으로 확인할 수 없습니다. 그래서 일탈 행동을 하지 못하며, 스스로 행동을 통제하게 됩니다. 심지어 죄수들은 가끔 탑을 향해서 절을 하는 등 이상 징후를 보이기도 합니다. 비록 실제로 만들어지진 않았지만 판옵티콘은 시선 권력의 효과를 극대화할 수 있는 시설입니다. 다음의 3장 '공간'에서는 비슷한 원리로 만들어진 병원의 병실이나 학교 교실에 대해 더 자세히 살펴보겠습니다.

이제 자리에 대한 이야기를 계속해 나가겠습니다. 지리에서는 자리 잡음을 '입지(立地, location)'라고 합니다. 우리가 쉽게 들락날락할 수 있는 상가 1층의 동네 슈퍼마켓과 2~3층에 들어선 피시방이나 당구장을 예로 들어 보겠습니다. 우선 동네 슈퍼마켓은 잠재적 소비자인 행인들이 수시로 오갈 수 있는 곳에 자리 잡아야 합니다. 사람들은 특별한 목적의식이 없어도 슈퍼마켓을 지나면서 종종 구매 충동을 보이기 때문입니다. 그래서 슈퍼마켓은 사람들이 쉽게 들어가 물건을 구입할 수 있는 곳에 있어야 합니다. 과자가 필요한 어린아이든, 막걸리가 필요한 어른이든, 입이 텁텁하여 껌을 씹고 싶은 청소년이든 별다른 절차 없이 들어갈 수 있어야 하죠. 따라서 대부분의 슈퍼마켓은 상가 1층에 자리 잡습니다. 만약 상가 2층에 슈퍼마켓이 있다면 주로 특이한 물건을 파는 경우일 것입니다.[1]

그러나 피시방과 당구장의 경우는 조금 다릅니다. 여기에 방문하는 사람들은 혼자든 여럿이든 '게임'을 하러 왔다는 특별하고 공통된 목적이 있습니다. 따라서 게임을 위

---

1) 일본의 돈키호테 같은 매장은 2층에 입지한 경우가 더러 있습니다.

한 환경과 편의 시설이 잘 갖추어져 있다면, 상가의 어느 층에 위치하더라도 정상적인 영업이 가능합니다. 가령 최신 시설과 특화된 서비스를 2~3시간 정도 이용할 수 있다면 2, 3층 정도를 올라가는 것이 그리 힘든 일은 아닐 것입니다. 또한 대부분의 상점들은 상가의 1층을 선호하므로 1층의 임대료는 자연스럽게 비싸집니다. 그런데 피시방이나 당구장을 이용하는 사람은 목적의식이 강하므로, 이들을 위해 1층에 무리하게 입지하는 것은 경영 측면에서 그다지 도움이 안 됩니다. 오히려 1층에 입지하게 되어 비싼 임대료에 비례하는 이용료를 손님에게 요구하면 경영 측면에서 더 위험할 수 있습니다.

그러면 입지에 대해서 조금 더 알아보겠습니다. 입지는 위치와 동일한 맥락으로 사용되며 영어로는 둘 다 'location'이라고 씁니다. 이때 위치는 변하지 않는 절대적 위치와 상황에 따라 달라지는 상대적 위치로 나뉩니다. 절대적 위치로는 수리적 위치와 지리적 위치가 있으며, 상대적 위치로는 관계적 위치가 있습니다. 그럼 우리나라의 위치를 세 가지 측면으로 표현해 볼까요?

우선 우리나라의 수리적 위치는 지구좌표계상에서 북위 33°~43°, 동경 124°~132°에 해당합니다. 이때 거의 변하지 않는 숫자인 위도와 경도를 사용하기 때문에 수리적 위치는 절대적 위치에 해당합니다. 위도상의 위치에 따라 기후가 달라지고, 경도에 따라 표준시가 결정되므로 우리나라의 기후 특성과 시차는 수리적 위치와 관련이 있습니다. 우리나라는 경위도상으로 북반구 중위도에 위치하고, 사계절이 뚜렷한 냉·온대 기후가 나타납니다.

다음으로 지리적 위치는 지형, 지물과의 관련성을 중심으로 표현합니다. 우리나라의 지리적 위치는 유라시아 대

룩 동쪽에 위치한 반도국에 해당합니다. 우선 우리나라는 대륙 동쪽에 위치하여 계절풍의 영향을 크게 받습니다. 그래서 여름에는 매우 덥고, 겨울에는 혹독한 추위가 찾아옵니다. 또한 반도국이라는 특징으로 인해 대륙과 해양 사이의 거점이 되어 왔고 외세의 침략도 많이 겪었습니다. 임진왜란 당시 일본의 도요토미 히데요시는 조선에게 '길을 빌려 달라'는 협박을 했고, 한국전쟁 중에는 자유 진영과 공산 진영이 대치하는 길목이 되어 국토가 초토화되는 비극을 겪었습니다. 그러나 최근에는 전 세계를 향해 뻗어 나갈 수 있는 최적의 요충지로 성장하는 중입니다. 세계 지도를 뒤집어서 우리나라의 지리적 위치를 확인해 보면,

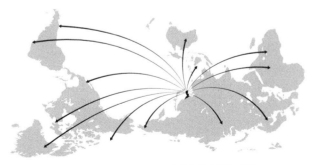

〈그림 2-2〉 거꾸로 보는 우리나라의 지리적 이점

한반도는 유라시아 대륙의 대표 항구로서 커다란 잠재력을 지닙니다.

마지막으로 상대적 위치를 적용해 보겠습니다. 우리나라는 4대 열강[2])에 둘러싸여 있습니다. 서쪽으로는 중국, 북쪽으로는 러시아, 동쪽으로는 일본 그리고 태평양 건너에 위치하고 있는 미국이 그들입니다. 이들은 지금까지 우리나라를 각축장으로 이용해 왔습니다. 이로 인해 우리나라는 한국전쟁을 겪으며 분단되었고, 냉전시대에는 자유 진영과 공산 진영 모두의 전초기지(前哨基地)가 되어 긴장 속에 살아왔습니다. 그렇지만 그때와 지금의 상황은 많이 다릅니다. 현재 우리나라는 세계 10위권의 경제 대국이자, 국민의 힘으로 정치적 위기를 극복했다는 평판이 전 세계에 자자한 나라입니다. 따라서 예전과는 완전히 다른 지위에 있다고 할 수 있습니다. 이처럼 관계적 위치는 우리나라와 주변국들의 변화에 따라 수시로 바뀌는 특징을 보입니다.

이러한 위치 개념을 저와 여러분이 생활하는 교실에 적

---

2) 열강은 국제 관계에서 큰 영향력을 행사하는 힘이 있는 여러 강대국을 부르는 말입니다.

용해 보겠습니다. 우선 어떤 친구의 위치를 "3분단 넷째
줄에 앉아 있다"라고 말하면 수리적 위치, "교탁 옆에 앉아
있다"라고 제시하면 지리적 위치, "안경 쓴 짝꿍 옆에 앉
아 있다"라고 설명하면 관계적 위치입니다. 교탁의 위치
는 잘 바뀌지 않지만 짝은 매번 바뀔 수 있으니까요. 위치
의 개념은 대상의 스케일(규모)이 작든 크든 모두 응용해
볼 수 있습니다. 사람을 만나는 과정에서도 적용이 가능합

니다.

소개팅할 때의 위치 선정이 중요하다는 것도 비슷한 맥락입니다. 성공적인 만남을 위해서는 자리 잡기 전략이 꼭 필요합니다. 매력이 넘치는 절세 미녀와 미남이라 해도 절대 아무 곳에나 앉으면 안 됩니다. 그럼 〈그림 2-3〉을 보고, 1~4번 테이블 중에서 소개팅에 성공하기 가장 좋은 자리를 함께 맞혀 볼까요?

먼저 1번부터 4번까지의 테이블 중에서 가장 안 좋은 자리는 4번입니다. 수시로 여닫히는 문 앞인 4번에서는 대화의 맥이 자꾸 끊어지거나 분위기가 바뀔 위험이 큽니다.

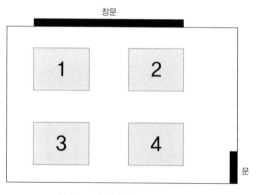

〈그림 2-3〉식당 내 테이블 배치

게다가 4번에 앉게 되면 출입문에서부터 1~3번 테이블로 이동하는 모든 손님들의 시선을 받게 됩니다. 결국 감시받으며 소개팅을 하는 꼴이죠. 가장 좋은 자리는 역시 창문과 가깝고 출입문에서 가장 멀리 떨어진 1번입니다.

그럼 여러분이 1번에서 소개팅을 하게 될 경우를 가정하고 조금 더 줌인(zoom in)을 하면서 전략을 구상해 보겠습니다. 〈그림 2-4〉를 보시죠.

1번 테이블의 ②번과 ④번에만 의자가 있다고 합시다. 이때 주인공 여러분은 가능한 한 ②번 의자에 앉고, 상대방은 ④번에 앉혀야 합니다. ②번에 앉은 나는 식당 전체를 조망하면서 소개팅의 흐름을 조절할 수 있고, ④번에 앉은 상대는 나에게만 시선을 고정시킬 수 있기 때문입니다. 물론 여러분이 상대방을 배려해 주고 싶다면, 다른 손님들과 가장 멀리 떨어진 자리인 ②번에 상대방이 앉도록

〈그림 2-4〉 1번 테이블의 의자 배치

해서 불편함을 덜어 줄 수도 있습니다.

　그러나 둘 사이의 대화가 진전되고 만남의 횟수가 늘어가면서 좀 더 친해졌을 때는 ②번과 ④번에서 마주 보는 게 부끄러울 수 있습니다. 따라서 서로의 호감을 자연스럽게 느낄 수 있으려면 ①번과 ②번에 앉아야 합니다. 이와 관련하여 저널리스트인 이동우의 『디스턴스』라는 책에서는 에드워드 T. 홀(Edward T. Hall)의 거리 개념을 소개하고 있습니다. 에드워드 T. 홀은 인간과 공간의 관계를 연구하는 근접학(proxemics)을 수립한 학자입니다. 그는 인간 사이의 거리를 친밀한 거리, 개인적 거리, 사회적 거리, 공적 거리로 구분했습니다.[3] 이때 친밀한 인간관계의 거리는 45.7cm 이내를 말합니다. 모 치약 회사에서는 이를 응용해 '46cm 치약'이라는 제품을 만들기도 했습니다. 아마 46cm라는 친밀한 거리에서 입 냄새가 나지 않도록 만들어 준다는 의도가 담긴 듯합니다. 실제로 자주 만나서 이야기를 하다 보면 의자를 당겨 상대방과 가까워지려는 모습이 나타납니다. 이는 본능적으로 친밀한 거리를 만들기

---

3) 이동우, 2014, 『디스턴스』, 엘도라도, pp.129-134.

위한 움직임입니다. 서로 얼굴을 자세히 들여다보면서 눈빛을 교환하고, 작고 감미로운 목소리로 친근함을 전달할 수 있어야 더 좋은 관계로 발전하겠죠?

이번 장에서는 자리 잡음, 즉 입지에 대해 이야기를 나눴습니다. 우리는 공간을 점유하며 살 수밖에 없으므로 좋은 자리를 잡는 것은 매우 중요합니다. 다른 사람과 만날 때에도, 공부할 때에도, 먹고 자고 생활하는 곳을 정할 때에도 자리를 잡는 것은 중요합니다. 따라서 3장에서는 우리가 자리를 잡게 되는 곳인 '공간'에 대해 알아보겠습니다.

 글쓰기 주제: 입지가 우리 삶에 중요한 이유를 하나의 사례를 들어 글로 써 보자.

🖉

~~~~~~

~~~~~~

~~~~~~

~~~~~~

~~~~~~

~~~~~~

~~~~~~

~~~~~~

~~~~~~

~~~~~~

~~~~~~

~~~~~~

3장

공간, 3차원의 캔버스

우리가 사는 지구는 태양계 안의 행성입니다. 오래전부터 인류는 지구 밖에서 지구를 내려다보고 싶어 했습니다. 그래서인지 지난날 구소련과 미국, 두 초강대국은 상대국보다 먼저 우주로 나가기 위해 경쟁했습니다. 그들의 경쟁덕에 지금은 우주 공간에서 찍은 지구의 사진과 동영상을 쉽게 구할 수 있게 되었습니다. 이제 인간은 지구인이자 우주인이 된 거죠. 그러면 우주와 관련된 이야기를 하면서 슬슬 '공간'이란 개념을 살펴볼까요?

우선 '우주'를 뜻하는 단어들에 대해 알아봅시다. 일단 유니버스(universe)라는 단어가 있습니다. 약간은 철학적인 의미가 들어가 있으며 '만물', '모든 것'으로 번역되기도 합니다. 다음으로 코스모스(cosmos)라는 단어가 있습니다. 이 단어는 질서와 조화를 이루고 있는 우주를 뜻합니다. 코스모스의 반대말로는 혼돈과 불규칙성을 뜻하는 카오스(chaos)가 있습니다. 그리고 스페이스(space)라는 단어도 있습니다. 이 단어는 보통 '공간'이라고 번역되고, 지구 대기권 밖의 우주를 의미하는 동시에, '나'를 제외한 빈 곳들을 지칭하기도 합니다. 살짝 지구나 사람이 중심이 되도록 가정하는 듯하지요?

한자로는 우주를 '宇宙'라고 씁니다. 집 우(宇), 집 주(宙)의 두 글자로 구성되어 있지요. 보통 이 두 글자는 같은 뜻으로 풀이되지만, 집 우(宇)와 달리 집 주(宙)에는 '하늘'이란 의미도 있습니다. 따라서 스케일은 우(宇)보다 주(宙)가 더 크죠. 故 신영복 교수도 그의 저서인 『강의』에서 우주를 이와 같이 설명했습니다. "우(宇)는 공간으로 상하사방이 있는 유한 공간을 말하고, 주(宙)는 시간으로 고금왕래, 무궁한 시간을 뜻한다"라고 말이죠.[1] 물론 학자들마다 다른 방식으로 우주의 유한성과 무한성을 이야기하고, 서로 활발히 논쟁을 벌이기도 합니다. 그러나 지구든 우주든 시간의 영향을 받는 공간이라는 사실에는 이견이 없습니다.

그런데 공간을 보다 잘 이해하기 위해서는 공간 속에서 흐르는 시간과, 공간 속에서 활동하는 인간을 함께 고려해야 합니다. 이를 삼간(三間)이라고 표현합니다. 시간(時間), 공간(空間), 인간(人間)으로 구성된 삼간은 인간과 관련된 다양하고 철학적인 주제와 항상 붙어 다닙니다. 삼

---

1) 신영복, 2004, 『강의』, 돌베개, pp.38-39.

간 중 유기체인 인간은 눈에 보이지만, 시간과 공간은 볼 수 없습니다. 그렇지만 시공간이 존재한다는 사회적 약속을 지켜야만 인간의 일상생활이 유지됩니다. 가령 학생들과 답사를 제대로 진행하기 위해서는 출발 장소와 시간을 미리 정해야 합니다. 그래서 "얘들아, 상무고 정문 앞에서 9시까지 만나자"라고 약속합니다. 그럼 삼간을 하나씩 뺐을 때 의미가 통하는지 알아볼까요?

① "얘들아, 상무고 정문에서 만나자" → 누군가는 7시에, 또 누군가는 12시에 올 수 있습니다. (답사 불가능)

② "얘들아, 9시까지 만나자" → 9시가 되면 아마 누군가는 정문, 누군가는 후문, 누군가는 이미 답사 예정 장소에 있게 됩니다. (답사 불가능)

③ "상무고 정문에서 9시까지 만나자" → 이 경우는 조금 가능성이 있지만, 애초에 함께 답사 갈 사람들을 지정해 두지 않으면 약속 장소에 불특정 다수의 인원이 모일 수 있습니다. 따라서 답사가 어려운 상황이 될 가능성이 큽니다. (답사 어려움)

결국 삼간을 모두 고려해야 정상적으로 계획을 실행할 수 있습니다. 다행히 우리는 시계를 보며 시간을 확인할 수 있고, 사람들을 만나며 관계를 만들어 갈 수 있습니다. 그리고 건축물이나 랜드마크(landmark) 등을 찾아다니며 공간을 알아 갈 수 있습니다. 땅 위의 모든 것을 다루는 지리에서는 공간을 중심으로 삼간을 파악합니다. 특히 공간 속에서 발생하는 모든 사건의 과정(시간)과 주체(인간 혹은 다른 생명체들)를 연구하는 것이 지리학의 본질입니다. 조금 더 깊이 들어가 볼까요?

공간에 대한 논의가 활발해지기 이전에는 '빈 그릇(container)'으로서의 공간 관념이 지배적이었습니다. 이 관념에 따르면 공간에 변화를 주기 위해서는 평평한 대지에 새 건물을 지어야 했습니다. 건물이 만들어진다는 것은 건물 벽을 경계로 서로 다른 공간이 생겨난다는 의미입니다. 즉 건물을 세운 이후부터 우리는 공간을 구체적인 대상으로 인식하게 됩니다. 사람들은 텅 빈 공간에 뭔가를 채우면서 삶을 준비합니다. 나뉜 공간 속에서 다시 자신만의 공간을 만들어 나갔던 것이지요.

조금 더 구체적으로 이야기해 보겠습니다. 저는 수년 전

교사가 되었고 기쁜 마음으로 첫 학교에 출근하는 날을 맞이했습니다. 교무실에 발을 디딘 순간 이제 선생님이 되었음을 느꼈고, 그 안에서 처음으로 제 자리를 갖게 되었습니다. 약 4m² 정도 되는 저만의 공간이었습니다. 저는 이 공간에 책상을 놓고 그 위에 컴퓨터와 작은 책장, 마우스와 전화기, 가습기 등을 배치했습니다. 그리고 책상을 둘러싼 파티션에 가족사진을 붙여 놓는 등 나름대로 공간을 꾸몄습니다. 이렇게 만들어진 공간은 학교에서 교사로 일하는 저의 특성을 반영하게 됩니다. 즉 다른 사람이 제가 만든 공간을 보면서 "이 사람은 아기자기하구나", "이 사람은 깔끔하구나", "이 사람은 자유분방하구나" 등의 느낌을 가질 수 있습니다.

이처럼 사람은 자신의 분위기로 공간을 물들입니다. 그러나 공간이 사람을 변화시키기도 합니다. 정신건강학자인 에스더 M. 스턴버그의 책 『공간이 마음을 살린다』에서는 물리적 공간을 적절히 구성하여 환자들의 치유 효과를 개선할 수 있다고 이야기합니다. 그의 생각을 뒷받침하는 과학적 근거는 미국의 환경심리학자 로저 울리히(Roger Ulrich) 박사가 《사이언스》지에 실었던 1984년의 연구논문에서 찾을 수 있습니다. 그는 환자들의 정서를 순화시킬 수 있는 공간의 구성이 심신의 안정과 회복에 영향을 미친다고 주장합니다.[2] 아래 글을 통해 울리히 박사의 주장을 확인하고 넘어갈까요?

> 울리히는 1972년부터 1981년까지 미국 펜실베이니아주 교외에 있는 한 병원에서 담낭제거 수술을 받은 환자들의 기록을 관찰했다. 그러고 나서 입원 기간 중 창가에 있던 여성 환자 30명, 남성 환자 16명을 선정했다. 환자 46명의 침대 중 23개는 창을 통해 작은 숲이 내다보였고, 나머지 23개는 벽돌담이 내다보였다. (중략) 작은 숲이 내다보이는 침대에 입원해 있던 환자들이 벽돌담이 내다보이는 자리에 입원해 있던 환자들보다 24시간가량 먼저 퇴원했으며, 진통제도 덜 복용했다.

이처럼 공간은 사람을 편안하게 만들 수 있습니다. 반면에 강력한 권위를 드러내어 불편함을 자아내는 공간 구성도 있습니다. 가령 왕이 행차할 때를 상상해 봅시다. 왕이 궁을 떠나 다른 곳으로 이동할 때는 수많은 신하와 함께합니다. 왕은 화려하게 치장된 가마에 올라타고 그 주변을 여러 명의 호위병들이 에워쌉니다. 그러면 왕을 중심으로 상하좌우에 거대한 사람의 무리가 형성됩니다. 일반 백성들은 그 무리가 이동할 수 있는 공간을 만들어야 했고, 왕보다 시선을 높이 두면 안 되었기에 엎드리거나 고개를 숙여야 했습니다. 즉 왕은 백성들이 자신을 올려다보게 하는 공간구조를 만든 것입니다. 근대사회에 들어와서 시선 권력을 확보하는 일은 통치자의 권위를 드높이는 데 더욱 필수적인 과정이 되었습니다. 권력자가 되려면 많은 사람이 자신을 올려다볼 수 있는 높은 공간을 독점해야 했고, 대중의 시선을 끌어야 했습니다. 왕관을 쓰고 화려한 복장으로 치장한 왕이 높은 곳에 나타난 것을 보고 열광하는 대중의 모습이 그려지나요? 주목받는 것은 왕정사회에서 매

---

2) 에스더 M. 스턴버그, 서영조 역, 2013, 『공간이 마음을 살린다』, 더퀘스트, pp.33-35.

우 중요했습니다. 그래서 왕을 상징했던 노란색이나 보라색, 빨간색 등은 일반 백성이 함부로 쓰지 못하는 색이기도 했지요.

오늘날에는 좀 덜하지만 여전히 시선 권력의 상하관계는 존재합니다. 사무실에서 가장 높은 직위를 가진 이는 모든 직원의 컴퓨터 모니터를 쳐다볼 수 있습니다. 그러나 가장 힘없는 신입 사원은 자신의 모니터만을 볼 수 있습니다.

프랑스의 유명 철학자 미셸 푸코(Michel Foucault)의 말로 위의 내용을 정리해 보겠습니다. 푸코는 이렇게 말했습니다.[3]

> 고대사회는 권력을 가지지 못한 자가 권력을 가진 자를 구경하는 것이다. 이를 '구경의 시대(스펙터클의 시대)'라고 하며, 권력자는 주목을 받으면서 자신의 권력을 확인한다. 근대사회는 권력을 가진 자가 그렇지 못한 자를 숨어서 감시하는 '감시의 시대(규율의 시대)'이다.

---

3) 서윤영, 2009, 『건축, 권력과 욕망을 말하다』, 궁리, p.16.

구경의 시대

나 멋지지

감시의 시대

견디기만 해...

미술

포교

그러면 저와 학생들이 매일 생활하는 학교는 어떤 공간일까요? 시간의 흐름에 따라 변하는 학교의 모습을 통해 알아봅시다. 예전에는 교실마다 선생님이 올라서서 수업을 진행했던 교단(敎壇)이 있었습니다. 그래서 교사가 되는 것을 '교단에 선다'라고도 합니다. 과거 선생님들은 학생들을 내려다볼 수 있는 높이의 교단 위에서 수업을 했습니다. 그러면 학생들이 열심히 공부하는지, 장난을 치고 있는지, 만화책을 읽고 있는지가 다 보입니다. 미셸 푸코가 언급했던 '감시의 시대'가 느껴지지 않나요? 예전의 학교가 이랬던 것에는 사실 이유가 있습니다.

1960년대부터 우리나라가 본격적인 근대 산업사회로 접어들면서 학교는 노동자를 양성하는 역할을 수행했습니다. 빠르게 고도화되는 산업구조와 급속한 경제 성장의 영향으로 노동자에 대한 수요가 폭증했고, 학교는 단기간에 효율적으로 노동자를 길러 내야 했습니다. 따라서 시간을 통제하는 일이 중요해졌고, 이를 위해 학생들이 수업 종에 맞춰 움직이도록 했습니다. 오죽하면 처음 학교에 입학했을 때 배우는 노래가 '학교 종이 땡땡땡'이었겠습니까. 학생들은 종이 치면 무의식적으로 교실의 자기 책상 앞에 앉는 것을 연습했습니다.

　학생들이 자리에 앉으면 선생님은 교단에 올라 칠판에 글을 쓰며 강의를 진행합니다. 예전에는 지식을 쌓을 수 있는 거의 유일한 방법이 수업이었기에, 백지상태의 학생들은 강의를 듣고 필기한 내용을 외워서 지식을 습득했습니다. 이때 최대한 효율적인 수업이 되려면 떠드는 학생이 없어야 했습니다. 그래서 어떤 학생이 장난을 치려 하면 선생님은 바로 그 학생의 이름을 불러서 조용히 시켰습니다. 높은 교단 위의 선생님이 모든 것을 다 내려다볼 수 있기에 가능한 일이었습니다.

이처럼 수업과 노동력 생산에 효율성을 요구하는 학교 구조는 병원의 병실이나 군대의 내무반과도 비슷합니다. 심지어 감옥과도 유사합니다. 병원은 환자를, 군대는 군인을, 감옥은 범죄자를 관리하는 곳입니다. 세 곳 모두 다양한 구성원에게 각기 동일한 목적과 규칙을 부여합니다. 그래서인지 감방이나 내무반, 병실의 구조와 배치는 학교와 유사한 면이 많습니다. 〈표 3-1〉을 보면 그 유사성을 짐작할 수 있습니다.

〈표 3-1〉 학교의 공간성

	주 사용자	부 사용자	제3의 사용자	서비스
학교	교사	학생	학부모	교육
병원	의사	환자	문병인	의료
감옥	간수	죄수	면회객	교도
동물원	사육사	동물	관람객	사육

(출처: 서윤영, 2012, 『건축, 권력과 욕망을 말하다』, 궁리, p.38.)

　　특히 근대사회의 학교는 교사 한 명이 학생 수십 명을 관리해야 했으므로 강한 권위가 필수적이었습니다. 권위 유지를 위해 체벌이나 엄격한 규칙 등 다양한 방법이 동원됐지요. 이러한 분위기 속에서 공부했던 학생들은 질문하는 것이 어색할 수밖에 없습니다. 그림자도 밟지 않는다는 선생님의 가르침에 의문을 품는 것은 권위에 대한 도전으로 받아들여졌으며, 선생님의 물음에 답을 못하는 것은 학생으로서 부끄러운 모습으로 여겨졌기 때문입니다. 지난 2010년 우리나라에서 개최된 G20 정상회담장에서 부끄러운 일이 벌어졌습니다. 당시에 미국 대통령이었던 오바마는 기자회견을 하면서 이렇게 말했습니다. "한국 기자에게 질문의 기회를 주겠습니다. 궁금한 것이 있으면 질문하십시오"라고요. 그러나 우리나라 기자들은 누구도 질문을 하지 못했습니다. 오히려 한 중국 기자가 계속 자신에게 질문의 기회를 달라고 요청했습니다. 오바마 대통령은 그래도 한국 기자들에게 우선권이 있다고 말하며 기다렸지만 결국은 아무런 반응도 없었습니다. 결국 오바마 대통령은 어깨를 들썩이며 "세상에…"라는 제스처를 보였고, 이 모습은 전 세계에 방송되었습니다. 동시에 한국 언론을 대표하는 기자들의 이미지가 격하되었다는 평가가 나오기도 했습니다. 이는 서로의 눈치를 봐야 하고, 질문을 잘 못하면 부끄러움을 당할 수 있다는 학교에서의 경험으로 인해 생긴 상황일지도 모릅니다.

다행스럽게도 최근에는 학교 공간 바꾸기가 활발히 진행되고 있습니다. 보다 나은 인간교육을 가능하게 하려는 시도가 공간 혁신을 통해 나타나고 있기 때문입니다. 물리적 공간의 변화와 더불어 수업 방식 또한 큰 폭으로 바뀌는 중입니다. 특히 교사의 일방적인 강의식 수업에서 벗어나, 학생이 직접 수업에 참여하는 방식으로 바뀌고 있습니다. 참여 중심 수업을 통해 학생들은 자신의 생각을 논리적으로 표현해 보는 기회를 가질 수 있습니다. 획일적 관리보다는 다양한 형태의 학습을 통해서 학생들은 더욱 바람직한 방향으로 변화할 수 있을 것입니다.

　지금까지의 내용에 따르면 사람과 공간은 서로 영향을 주고받습니다. 앞에서 나왔던 개념들 중 '생태학적 관점'과 유사하지 않나요? 이러한 인간과 공간의 상호작용은 '사회─공간 변증법'이라는 약간 어려운 용어로도 설명할 수 있는데, 변증법이란 간단히 말해서 '두 대상이 서로 영향을 주고받으며 더 높은 차원으로 나아간다'는 의미입니다.

　이제 공간에 대해서 정리하겠습니다. '공간'이라는 개념은 제2차 세계대전 이후 본격적으로 쓰이기 시작했습니다. 지리학자들은 이때부터 과학적 방법론을 사용하여 지리학의 여러 분야를 연구하고 발달시키기 시작했습니다. 주로 가설을 세우고, 실험을 통해 결과를 얻은 다음 일반화하는 방식으로 연구가 진행되었습니다. 이 과정에서 '공간' 개념은 구체적인 결과를 얻기 위해 연구 범위를 제한하는 목적으로 사용되었습니다. 이를테면 "이 가설은 모든 대상에 적용되지는 못하지만 '특정 공간'에서는 효과적으로 적용될 수 있다"처럼 말이죠. 하지만 지리학은 인간과 환경의 다양한 상호작용을 연구하는 학문입니다. 지리학에서 특정 공간에만 적용되는 연구들은 한계를 드러낼 수밖에 없습니다. 특히 '공간'과 '인간'의 상호작용은 지구상에 존재하는 사람의 수만큼이나 다양합니다. 그래서 지리학에서는 인간이 의미를 부여하는 공간인 '장소'를 제시하게 됩니다. 4장에서는 '장소'에 대해 더욱 자세히 알아보겠습니다.

📖 글쓰기 주제: 우리가 공간에 영향을 미치거나, 공간이
우리의 삶에 영향을 미치는 사례를 글로 써 보자.

🖉

~~~~~~

~~~~~~

~~~~~~

~~~~~~

~~~~~~

~~~~~~

~~~~~~

~~~~~~

~~~~~~

~~~~~~

~~~~~~

4장

장소, 기억이
층층이 쌓이는 곳

이번 장에서는 우리의 삶이 이어지는 '장소(場所, place)'에 대해 알아보겠습니다. 3장에서 다루었던 '공간'은 추상적·객관적 측면이 강했습니다. 반면에 '장소'는 구체적·주관적인 삶의 터전과 맥락을 같이합니다. 즉 장소는 공간보다 개인의 느낌과 의미 부여의 과정을 더 강하게 반영합니다. 또한 사람들은 특정한 장소에서 저마다 다른 감정을 느낍니다. 이를 지리에서는 '장소감(sense of place)'이라고 합니다.

저는 골목길에서 친구들과 공놀이도 하고 술래잡기도 하면서 참 바쁘게 어린 시절을 보냈습니다. 대략 30년가량 지나 어른이 된 지금, 어릴 적 놀았던 골목에 다시 가 보았습니다. 그리고 그곳에 예전에는 없던 벽화가 그려져 있는 것을 보게 되었습니다. 그때 제 머릿속에는 벽화로 예쁘게 장식된 현재의 골목길과, 오래전 제 기억 속에 남아 있는 과거 골목길의 모습이 겹쳐졌습니다. 동시에 "저기에서 내가 넘어져 울었었지", "저기에 내가 숨었었는데 친구들이 결국 나를 못 찾았어" 등 많은 추억이 떠올랐습니다. 벽화 앞에서 사진을 찍으면서 저는 여러 가지 미묘한 감정을 느꼈습니다. 분명 여러분 모두 비슷한 경험이

〈그림 4-1〉 경남 통영의 동피랑 벽화마을

〈그림 4-2〉 충북 청주의 수암골 벽화마을

있을 것입니다. 비교적 잘 알려져 있는 장소들을 둘러보면
서 여러분의 기억을 되짚어 보세요. 문득 "어…. 여긴?" 하
는 느낌이 든다면 여러분이 오래전 이곳을 방문했던지, 아
니면 비슷한 장소에서 강한 인상을 받았다는 뜻입니다.

장소와 장소감을 이야기하기 위해 우선 서울의 대표 랜드마크인 'N서울타워'를 생각해 보겠습니다. 속칭 '남산타워'라고 불리기도 하는 이곳에서 타워의 전망대만큼이나 유명한 것은 타워 주변의 안전 철조망입니다. 이 철조망은 원래 사람들의 낙상을 막기 위해 설치되었습니다. 그런데 이곳에서 데이트를 하던 연인들 몇몇이 언제부터인지 철조망에 자물쇠를 걸기 시작했습니다. 그들은 자물쇠에 서로의 이름과 메시지를 써서 철조망에 매달았고, 철망 너머로 열쇠를 던져 버리면서 절대 헤어지지 말자고 다짐했습니다. 물리적으로 사람의 안전을 보장했던 철조망의 기능이 사랑을 안전하게 지킬 수 있는 의미도 가지게 된 사례입니다. N서울타워의 안전 철조망 주변 공간은 이런 과정을 거쳐 연인들이 사랑을 약속하고 추억을 만드는 '장소'로 변하게 되었습니다.

또 다른 장소 이야기 하나를 소개하겠습니다. 2014년 2월 9일에 방영된 KBS 예능프로그램 〈1박2일〉 중 '서울 시간여행 편'과 관련된 내용입니다. 이 특집은 멤버들이 서울 곳곳을 다니며 건물이나 기념물의 사진을 찍어 오는 형식으로 진행되었습니다. 프로그램의 마지막에는 故 김주

〈그림 4-3〉
N서울타워 주변의 자물쇠들
여러분이 아는 사람의 이름도
있을지 모릅니다.

〈그림 4-4〉
프랑스 파리 센강 다리의
자물쇠들

〈그림 4-5〉
러시아 이르쿠츠크
안가라강 다리의
자물쇠들

혁 씨가 명동성당 앞에서 찍은 사진이 최우수작으로 선정되었고 이와 관련된 장면이 나오게 됩니다. 이 장면에서 김주혁 씨는 자신의 사진이 최우수작으로 선정된 이유를 "성당이 잘 나왔으니까"라고 이야기합니다. 그 순간 김주혁 씨가 찍은 2014년의 명동성당 사진과 1967년에 명동성당 앞에서 찍은 젊은 남녀의 사진이 오버랩되어 나타납니다. 1967년의 명동성당 사진에 찍힌 젊은 남녀는 김주혁 씨 부모님의 소싯적 모습이었습니다. 이후 장면부터는 김주혁 씨와 부모님이 함께 찍은 여러 장의 사진이 이어졌습니다. 이 영상을 보며 김주혁 씨는 어린 시절의 추억을 떠올리고 눈물을 훔칩니다. 그리고 다른 〈1박2일〉 멤버들의 사진도 이런 식으로 계속 방송됩니다. 이때 함께 사진을 보던 담당 프로듀서가 말을 꺼냅니다.

"오늘 여러분께서 다녀오신 장소들은 사실 우리가 잘 알고 있는 그분들(부모님들)도 똑같이 보고 경험했던 그런 곳입니다."

이어서 김주혁 씨는 다시 이렇게 말합니다.

"명동성당도 그냥 누구나 아는 명동성당이 아닌 게 돼 버린 거네요. 나에게 의미 있는 장소가 된 거죠."

'서울 시간여행 편'을 촬영하면서 〈1박2일〉 멤버들은 이전에는 그냥 스쳐 갔던 '공간'으로부터 각자에게 특별한 의미가 있는 '장소'를 발견하게 된 것입니다. 이처럼 공간이 장소가 되기 위해서는 공간에 각자의 경험이 반영되어야 합니다. 누구에게나 원래부터 특별한 장소는 없습니다.

자, 그렇다면 여러분에게 특별한 의미가 있는 장소는 어디인가요? 내 방, 자주 가는 놀이터, 피시방이나 독서실, 가끔 놀러 가는 할머니네 집 등은 물론이고 수학여행 동안 잊지 못할 추억을 만든 곳도 괜찮습니다. 누구나 나만의 특별한 장소를 가질 수가 있습니다.

지리 교사인 저에게는 '신두리 해안 사구'가 결코 잊지 못할 특별한 장소입니다. 공부하기 힘들 때나 의욕이 꺾일 때마다 지리학에 대한 열정을 다시 불태울 동기를 부여해 준 곳이기 때문입니다. 저는 겨울에 한 번, 여름에 한 번 이곳을 답사했습니다. 처음 겨울 답사 때는 길을 잘 찾지 못해 "이 정도가 끝인가, 그냥 돌아가야 할까" 하고 체

념할 뻔도 했습니다. 하지만 5분만 더 시도해 보자고 마음 먹으며 계속 신두리 해안 사구를 찾아다녔습니다. 그런데 5분 뒤, 신기하게도 사막 같은 모래 언덕이 눈앞에 펼쳐지기 시작했습니다. 만약 찾기를 포기한 채 발걸음을 돌렸다면 평생 후회했을 것입니다. 두 번째 여름 답사에서도 조금 특별한 경험을 할 수 있었습니다. 바닷가 주변은 안개가 자주 끼는데 이날도 안개가 매우 짙어서 앞이 잘 보이지 않았습니다. 그러나 지난 겨울에 5분의 기적을 경험했던 저는 조금 더 기다려 보았고 곧 바람이 불더니 안개가 쓱 걷혔습니다. 겨울에는 볼 수 없었던 초록빛 풀들이 사구 위에서 물결처럼 출렁이고 있었습니다. 정말 말로는 표현하기 어려운 멋진 경치를 보면서 저는 또 한 번 이곳으

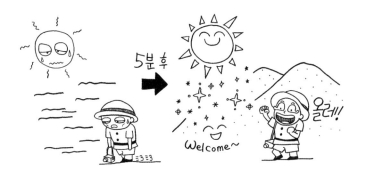

로부터 강한 인상을 받았습니다.

사실 신두리 해안 사구는 한국지리 교과서에 단골로 등장하는 지형입니다. 교사인 저는 매번 학생들에게 이 지형의 중요성을 설명해 왔습니다. 그러나 지리 교사로서 가보지 못한 곳을 학생들에게 이야기하는 것이 늘 마음에 걸렸습니다. 이를 보완하기 위해 신두리 해안 사구를 저의 지리 답사 1번지로 정했습니다. 다행히 두 번의 답사 모두에서 신두리 해안 사구는 저에게 색다른 풍경을 보여 주었습니다. 지금도 저는 신두리 해안 사구로부터 새로운 동기를 부여받습니다. 수업할 때나 글을 쓸 때, 몸이 힘들 때마다 조금만 더 힘을 내 최선을 다하면 더 좋은 결과가 나온다는 사실을 배웠기 때문입니다.

지금까지 어떤 장소에서의 경험을 통해 형성되는 장소감에 대하여 이야기했습니다. 다음으로는 장소를 인식하는 과정에 영향을 미치는 개인차에 대해서 알아보고자 합니다. 장소감은 각기 다른 배경지식과 성별, 나이 등에 영향을 받습니다. 예전에 학생들에게 집에서부터 학교까지 오는 길을 지도로 그린 다음, 그 위에 자신에게 의미 있는 장소를 표시해 보도록 한 적이 있습니다. 이때 여러 남학

〈그림 4-6〉 신두리 해안 사구

2011년 2월 16일 촬영(겨울 답사)

2011년 7월 9일 촬영(여름 답사)

생이 피시방과 당구장을 원래 크기보다 크게 그렸던 것에 비하여, 여학생들은 주로 화장품 가게와 커피숍을 크게 그렸습니다. 이는 장소 인식에 남녀의 차이가 반영되었기 때문입니다.

남학생들은 대체로 승부욕을 불태우며 경쟁하는 스포츠에 관심이 큽니다. 반면에 여학생들은 외모를 꾸미거나 여럿이 이야기를 나누는 것을 좋아합니다. 따라서 남학생과 여학생 모두 각각의 특성에 따라 서로 다른 업태에, 서로 다른 정도의 가중치를 부여하게 됩니다. 그 결과 남녀학생이 그린 지도에서는 성별에 따라 특정 업태가 과장되거나 상대적으로 더 자세히 묘사됩니다. 이러한 과정이 반영되어 인지 지도(cognitive map) 혹은 심상 지도(mental map)가 만들어집니다.

장소에 대한 사람들 저마다의 독특한 생각을 반영한 인지 지도에는 다양한 사례가 있습니다. 가장 흔히 인용되는 사례로 오스트레일리아의 세계 지도를 들 수 있습니다. 오스트레일리아의 세계 지도는 우리가 아는 일반적인 세계 지도에서 상하가 뒤바뀐 모습을 하고 있습니다. 이는 남반구에 위치한 오스트레일리아가 지도의 위쪽을 남쪽으로

하여 지도를 그리기 때문입니다. 유사한 맥락으로 북반구에 속한 우리나라 사람들은 대한민국을, 유럽 사람들은 유럽 대륙을 지도의 중심에 놓고, 지도의 위쪽을 북쪽으로 설정하여 지도를 그립니다. 비록 이렇게 그린 세계 지도들의 구성 요소는 거의 비슷합니다만, 그리는 이들마다 지도상의 핵심 지역은 다르게 설정됩니다. 이처럼 사람마다 느끼는 '장소감'은 동일하지 않습니다.

그러나 장소에 대한 다양한 정보, 특정 장소의 상징물, 장소가 가진 문화적 특성들은 상당 부분 '공통된 사실'로 사람들에게 전달됩니다. 예를 들어 우리가 세계지리를 공부하면서 프랑스 파리에 대한 내용을 배운다고 가정해 봅시다. 분명 파리의 역사와 주요 명소의 특징이 교과서나 참고서에 공통적으로 들어가 있습니다. 이는 그곳에 방문하기도 전에 학습자의 머릿속에 파리에 대한 이미지로 깔리게 됩니다. 따라서 같은 장소에 대한 개개인의 생각은 어느 정도의 공통점을 바탕으로 형성됩니다. 이와 마찬가지로 같은 시대, 같은 공간을 살아가는 많은 사람이 동일한 장소에서 비슷한 경험을 할 수도 있습니다. 대표적인 사례가 2017년 탄핵 정국 때 광화문 광장에 모인 사람들

이 함께 겪은 상황입니다. 당시 광화문 광장에서 촛불을 들었던 이들은 모두 같은 목적을 이루기 위해 모였고, 각기 다른 배경의 사람들이 광화문 광장이라는 장소에서 유사한 경험을 공유했습니다. 그 결과 여러 사람이 사회 변화를 촉구하는 목소리를 함께 만들어 낼 수 있었습니다. 이와 같이 개개인의 장소감이 모여 만들어진 집단적 장소감을 '장소성(placeness)'이라고 합니다.

　장소성은 많은 사람의 마음을 한데 묶어줌으로써 사회

를 변화시킬 수 있습니다. 그러나 때때로 다른 생각이나 소수의 의견을 배제하는 논리가 되기도 합니다. 군중과 같은 장소감을 공유하지 못하면, '다른' 생각이 아니라 '틀린' 생각을 가진 사람으로 매도당할 수 있다는 뜻입니다. 이러한 가능성을 줄이기 위해 지리학자 도린 매시(Doreen Massey)는 장소를 고정된 것이 아닌 변화의 과정으로 보아야 한다고 주장했습니다. 한 장소 안에서도 다수의 정체성이 존재할 수 있다는 점을 인정하자는 것입니다. 아울러 장소감은 집단 내부에 의해 정의되기보다는 집단을 구성하는 개인과 외부 상황 간의 상호작용에 의해 형성된다는 점을 강조합니다. 세계화(globalization)가 진행되면서 많은 사물, 인간, 정보, 자본 등이 곳곳으로 이동하고 있습니다. 매시는 이러한 흐름에 필요한 외향적·진보적 장소감을 종합하여 '지구적 장소감(global sense of place)'을 제안했습니다. 지구적 장소감은 다양한 특성을 지닌 사람들이 이동 중 원하는 장소에 쉽게 정착하고, 또한 평화롭게 공존할 수 있는 토대가 됩니다.[1]

---

1) 한국문화역사지리학회, 2013, 『현대 문화지리의 이해』, 푸른길, pp.93-94.

이러한 장소감과 장소성은 다양한 분야에 접목시켜 시너지 효과를 낼 수 있습니다. 대표적인 예로 특정 장소를 활용하여 지역 경제를 활성화시키는 방법인 '장소 마케팅'을 들 수 있습니다. 가장 유명한 사례가 '아이러브뉴욕(I♡ NY)'입니다.

1970년대 미국 뉴욕시는 심각한 경기 침체와 범죄 급증으로 인해 어려운 상황을 맞이하게 됩니다. 이를 극복하기 위해 뉴욕시에서는 전문 광고업체를 고용하여 뉴욕의 긍정적인 이미지를 부각시키려 했습니다. 이 업체는 고심 끝에 'I LOVE NY'이라는 슬로건을 만들었고, 로고와 로고송, 유명인을 앞세운 TV 광고 제작 등을 통해 뉴욕을 홍보했습니다. 그 결과 현재 '아이러브뉴욕'은 미국을 대표할 만한 최초의 도시브랜드로 인정받게 되었습니다. '뉴욕=

〈그림 4-7〉 뉴욕시의 장소 마케팅

미국의 가장 멋진 도시'라는 장소성을 가지게 된 것이죠.

그럼 장소 마케팅의 의미에 대해서 조금 더 들여다볼까요? 장소 마케팅은 지역의 주민과 기업인, 행정 기관 등이 주체가 되어 진행됩니다. 이때 지역에 관심을 가지고 있던 다른 기업과 관광객은 장소 마케팅을 통하여 매력적이고 독특한 이미지로 지역을 접하게 됩니다. 이 과정에서 다양한 부가가치 창출과 더불어 지역의 경제력 향상 및 이미지 개선 등의 효과가 나타납니다. 우리나라에서는 보통 '지역 축제'를 활성화하는 것으로 장소 마케팅을 진행하고 있습니다. 지역 축제를 통해 지역 주민들은 자신의 고향을 자랑스러워하며 애향심을 키울 수 있습니다. 또한 많은 관광객이 찾아와서 지역의 문화 행사에 참여하면 지역 경제가 살아나게 됩니다. 하지만 지역 축제에 그 지역의 지리적 특성을 모두 반영해야 하는 것은 아닙니다.

함평 나비 축제는 우리나라에서 가장 성공한 지역 축제로 손꼽히지만 사실 함평과 나비는 별 상관이 없습니다. 함평의 지방자치단체는 대규모 공사를 진행하여 나비와 관련된 콘텐츠들을 만들어 냈고 이를 함평에 정착시키는데 힘을 기울였습니다. 그 결과 많은 사람이 나비 축제를

보러 함평에 찾아오면서 함평이 전국적으로 알려지게 되었습니다. 지금은 함평 하면 나비, 나비 하면 함평이라는 인식이 일반화되었지요.

앞으로 행정적인 제약들을 잘 극복해 나간다면 지역 축제는 더욱 활발해질 것입니다. 이를 위해서는 지방자치단체의 일정 조정으로 인한 행사의 중복 진행이나, 특정 지방자치단체가 4~5개의 지역 축제를 모두 주관하는 상황

〈그림 4-8〉 지도로 보는 세계 여러 나라의 축제들

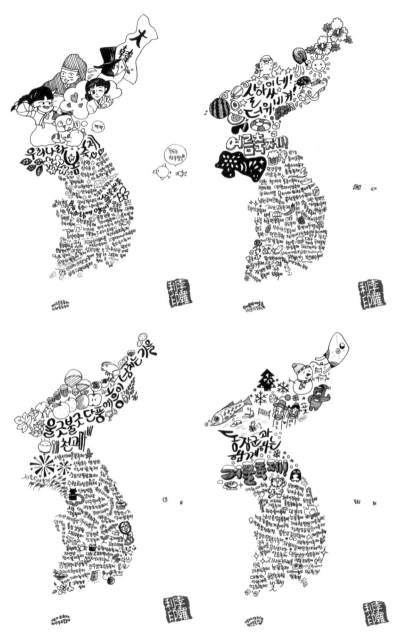

〈그림 4-9〉 우리나라의 계절별 지역 축제

을 조절해야 합니다. 이렇게 사람과 환경, 환경과 사람이 어우러지면서 지역성은 점점 뚜렷해집니다.

문득 지역 축제와 관련된 여담 하나가 생각납니다. 현재 충남 청양에서는 '청양 고추 구기자 축제'를 엽니다. '청양'이라는 고추 이름 때문인지, 이 축제의 영향 때문인지 많은 사람이 청양 고추가 충남 청양에서 나온다고 알고 있습니다. 그러나 청양 고추의 기원은 경상북도 청송과 영양입니다. 청송의 '청'과 영양의 '양'을 따 청양 고추라고 이름을 붙인 겁니다. 지금처럼 충남의 청양 고추 구기자 축제가 10년, 20년 넘게 계속된다면 앞으로의 세대들은 청양 고추가 전부 충남 청양에서 생산되었다고 믿을 것 같습니다. 그렇게 될까 봐 노파심에 적어 봅니다.

이제 장소에 대한 내용을 정리할 일만 남았네요. 이어지는 글은 『공간과 장소』라는 책에 나오는 장소에 대한 설명입니다.[2] 다소 길긴 하지만 장소를 이해하는 데 이보다 적절한 이야기는 찾기 힘들 것 같아 덧붙여 봅니다.

---

2) 이푸 투안, 구동회·심승희 역, 2007, 『공간과 장소』, 대윤, pp.16-17.

물리학자 보어(Niels Bohr)와 하이젠베르크(Werner Heisenberg)는 '햄릿'이 살았던 것으로 묘사되었던 덴마크의 크론베르크성(Kronberg Castle)을 방문했다. 이때 보어는 이런 의문을 가지게 되었고 하이젠베르크에게 자신의 생각을 이야기했다.

"햄릿이 이 성에 살았다고 상상하자마자 성이 달라져 보이는 것이 이상하지 않습니까? 학자로서 우리는 돌만으로 이 성을 쌓은 건축가의 기술에 감탄하지 않을 수 없습니다. 단지 소설 속의 주인공인 햄릿이 여기 살았다는 것만으로 이 성을 구성하고 있는 석재와 고색창연한 녹색 지붕, 교회당의 나무 조각상이 모습을 바꾸진 않습니다. 그러나 햄릿으로 인해 이들이 주는 느낌은 완전히 변했습니다. 갑자기 성벽은 아주 색다른 언어로 말을 걸기 시작합니다. 성의 안마당은 하나의 완전한 세계로 재구축됩니다. 성안 곳곳의 그늘진 모퉁이로부터 인간 영혼의 어두운 측면이 우러나옵니다. 우리는 성안 여기저기에서 햄릿이 '사느냐 죽느냐'라고 말하는 소리를 듣게 되었습니다. 그렇지만 우리는 햄릿이 여기 살았는지, 실존하는지에 대해서 증명해 낼 수 없습니다. 우리는 단지 13세기의 어느 오래된 기록에서 햄릿의 이름을 찾았을 뿐입니다. 그러나 사람들은 누구나 셰익스피어가 햄릿의 입을 빌려 질문했던 내용을 기억합니다. 햄릿을 통해 밝히고자 했던 인간의 깊이를 느낍니다. 그리고 햄릿의 흔적이 있는, 소설 속 햄릿이 살았던 곳이 여기 크론베르크성입니다. 그리고 우리는 그 사실을 알았습니다. 크론베르크성은 그때부터 우리에게 완전히 다른 의미를 가진 성이 되었습니다."

오오
I♡HAM 성지다! 나 문학소녀 인생샷 꼭!

　왼쪽의 글에서 묘사되는 크론베르크성은 일반적인 중세시대의 성일 뿐입니다. 그러나 셰익스피어가 쓴 소설의 주인공 '햄릿'이 이곳에 살았다는 사실이 드러나게 될 경우, 그 의미는 많이 달라집니다. 즉 『햄릿』을 읽고 주인공의 입장에 대해 고민해 본 사람에게 크론베르크성은 특별해 보인다는 뜻이죠. 누구나 아는 중세시대의 성곽이 매우 특별한 장소로 탈바꿈하게 되는 겁니다.

　5장에서는 이러한 장소감, 장소성을 찾는 과정에서 반드시 거쳐야 하는 과정인 '이동'에 대해서 알아보겠습니다. 우리는 매일 이동하고 있고, 정보와 돈 역시 우리와 함께 매일 이동합니다. 다음 장을 시작하기에 앞서 지리와 이동이 어떻게 관계를 맺는지 생각해 보시길 바랍니다.

 글쓰기 주제: 다음 사진을 보고 자신의 느낌을 글로 써 보자.

✏️

~~~~~~

~~~~~~

~~~~~~

~~~~~~

~~~~~~

~~~~~~

5장

이동, 모빌리티의 시대

5장을 시작하기 앞서, 4장 마지막에 있던 주제에 대해 글을 써 봤는지 궁금한 마음이 듭니다. 글쓰기 주제와 함께 제시된 사진 속의 누각은 전북 남원에 있는 광한루랍니다. 누각의 이름을 몰랐을 때와 광한루임을 알게 된 이후의 느낌이 달라진 사람이 있나요? 광한루에서 사랑을 속삭이던 성춘향과 이몽룡을 떠올린 사람이라면 갑자기 다양한 쓸거리가 생각났을지도 모르겠습니다. 4장에서 이야기했던 것처럼 물리적인 '공간'에 개인적인 의미를 더하면 '장소'가 됩니다. 여기서 '이동'은 사람과 사람, 장소와 장소를 이어 주는 필수 과정이죠. 성춘향도 이몽룡도 모두 광한루로 '이동'하여 사랑에 빠졌으니까요.

　이동(movement)은 사람, 상품, 정보 등이 한곳에서 다른 곳으로 옮겨 가는 과정입니다. 우리의 일상도 이동으로 시작해서 이동으로 끝납니다. 집에서 학교로, 학교에서 피시방이나 커피숍 등으로 이동하는 패턴은 저와 여러분 모두에게 나타납니다. 마찬가지로 다양한 상품과 정보도 개인, 사회, 국가는 물론 전 세계 여러 곳을 거치며 이동합니다. 게다가 오늘날에는 교통·통신이 매우 발달했기 때문에 이동이 더욱 빠르고 자유롭습니다. 그러나 마냥 그런

것만은 아닙니다. 가령 지중해 한가운데 두 집단이 있다고 가정해 봅시다. 한 집단은 경제적으로 모자람 없는 이들로서 호화로운 크루즈여행을 즐기며 파라다이스에 온 기분을 만끽하고 있습니다. 반면에 다른 집단은 휘청휘청 불안해 보이는 배를 탄 보트피플[1])로서, 이들에게 지중해는 목숨을 걸고 건너야 하는 죽음의 바다입니다. 두 집단 간의 현격한 이동능력 차이가 충분히 느껴지시죠? 또한 인간의 이동은 전염병의 전파 요인이 되기도 합니다. 배와 비행기를 자유롭게 이용하게 되면서 인간의 몸에 묻은 미생물이나 바이러스도 다른 나라로 금방 확산되기 때문입니다. 지난 2015년 우리나라에 큰 파장을 일으킨 메르스(MERS)[2]) 가 대표적인 경우입니다.

이처럼 사람, 상품, 정보 등은 끊임없이 이동하면서 관계를 만들어 갑니다. 사회학자 존 어리는 이동으로 인해 새롭게 나타나는 의미 있는 모습들을 수집하고, 이를 종합

---

1) 보트피플(boat people)은 망명을 하기 위하여 배를 타고 바다를 떠도는 사람을 말합니다.
2) 메르스는 중동 호흡기 증후군(Middle East Respiratory Syndrome)을 말합니다.

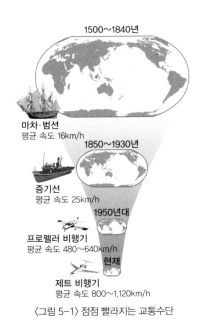

마차·범선
평균 속도 16km/h

증기선
평균 속도 25km/h

프로펠러 비행기
평균 속도 480~640km/h

제트 비행기
평균 속도 800~1,120km/h

〈그림 5-1〉 점점 빨라지는 교통수단

하여 『모빌리티(Mobility)』라는 책을 썼습니다. 이 책에서
는 현대사회의 이동양상 변화를 심층적으로 다루고 있습
니다. 특히 엄청나게 빠른 이동이 가능해지면서 사회구조
의 변화가 가속화되었다고 이야기합니다. 이처럼 우리가
지금 살고 있는 현실은 가히 '모빌리티의 사회'라고 불러
도 의심의 여지가 없을 정도입니다.

축지법(縮地法)은 공간을 접어 먼 거리를 아주 빠르게

이동하는 도술입니다. 무협지나 무협 영화에 자주 등장하는 것처럼 무림 고수들은 이 축지법을 써서 굉장히 먼 거리를 순식간에 이동합니다. 사실 지금의 우리들 역시 과거와 비교할 때 축지법을 쓰면서 살아간다 해도 과언이 아닙니다. 300여 년 전 조선시대에는 부산에서 한양(서울)까지 가기 위해 20~30일 이상을 걸어야 했습니다. 그러나 지금은 KTX를 타고 2시간 반 만에 서울에서 부산까지 갈 수 있습니다. 조선시대 사람이 지금 우리를 본다면 아마도 굉장한 축지법을 쓰는 엄청난 내공의 무림 고수라고 생각할 것입니다.

이처럼 교통·통신의 발달로 동일한 물리적 거리를 상대적으로 빠르게 이동하는 것이 가능해졌습니다. 유명한 지리학자인 데이비드 하비(David Harvey)는 이러한 변화를 통틀어 '시공간 압축(time-space compression)'이라는 말로 표현했습니다. 또한 국제은행가인 리처드 오브라이언은 "정보통신의 급격한 발달로 자본 시장이 세계적으로 통합되므로, 금융 시장에서 지리나 공간의 중요성이 줄어들 것이다"라고 언급하면서 '지리의 종말(the end of geography)'을 주장하기도 했습니다. 이 두 사람의 말대로

교통·통신이 발달하면서 우리의 이동을 가로막던 물리적 공간의 제약은 많이 약해졌습니다. 그러나 전 세계가 통합되고 연결되는 세계화 시대가 본격적으로 시작되면서 지리의 중요성은 더욱 강조되고 있습니다. 예를 들어 교통·통신의 발달로 이메일과 영상통화 이용이 늘어났지만, 이는 오히려 얼굴을 맞대려는 사람들의 욕구를 더욱 키웠습니다. 또한 많은 사람과 기업의 이동이 전 세계를 모두 같은 모습으로 바꿀 것이라고 생각됐지만, 세계의 여러 지역은 여전히 본연의 색을 지닌 채 자신의 매력을 뽐내고 있습니다.

전 세계가 도로와 통신망으로 빠르게 연결되고 있는 요즘엔 '지구촌'이라는 말을 누구나 쉽게 사용합니다. 서로 이어진 세계 각국의 상호 의존도 역시 유사 이래 가장 높은 상태입니다. 지금 여러분이 쓰는 마우스를 한번 뒤집어 보세요. 십중팔구 'made in china'가 적혀 있을 겁니다. 옷이나 가방 그리고 각종 일회용 제품들도 중국이나 인도네시아, 방글라데시 등에서 만들어진 것이 많습니다. 그러나 우리는 일상생활에서 여러 제품의 원산지에 그다지 관심을 갖지 않습니다. 매일 뭔가를 소비하지만 그것이 어디서 어떻게 만들어지고 있는지 굳이 알 필요가 없어서이기도 합니다. 단, 우리가 쉽게 사용하고 버리는 많은 제품이 생각보다 복잡한 과정을 거쳐 만들어진다는 것은 알아야 합니다. 상품의 수요와 공급에 큰 영향을 미치는 것이 '상품의 이동 가능성'이기 때문입니다. 이와 관련된 개념으로 '상품사슬(commodity chain)'이 있습니다.

상품사슬은 원료가 상품으로 만들어지고, 소비자가 상품을 구매하기까지의 전 과정을 말합니다. 서로 떨어져 있는 생산자와 소비자가 상품의 이동을 매개로 어떻게 연결되는지를 상품사슬 분석을 통해 알 수 있습니다. 사실 우리는 상품의 이동과정에서 생각보다 많은 나라들과 관계를 맺고 있습니다. 지리교육학자 조철기는 『일곱 가지 상품으로 읽는 종횡무진 세계지리』라는 책에서 청바지, 스마트폰, 햄버거, 콜라, 커피, 공(축구공·테니스공 등), 다이아몬드의 상품사슬을 상세히 다루고 있습니다. 상품이 생산자 및 소비자와 연결되는 과정을 알아보고 싶으면 한번 읽어 보기를 권합니다.

앞에서 잠시 언급했던 축지법은 현대사회에서 상품과 사람의 빠른 이동을 빗대어 표현한 것입니다. 지금은 교통·통신의 발달로 전 세계 모든 사람이 축지법을 쓸 수 있게 되었습니다. 그러나 축지법을 쓰는 데에는 상당한 내공이 소모되며, 내공이 강해야 필요할 때마다 축지법을 쓸 수 있습니다. 이때 내공은 바로 '비용'이죠. 지리에서는 '운송비'라는 말로도 표현합니다.

이동할 때는 반드시 비용을 지불해야 합니다. 우리가 주로 이용하는 철도 중 KTX와 무궁화호의 비용을 비교해 보겠습니다. KTX는 무궁화호보다 목적지에 더 빨리 도착할 수 있기 때문에 승차권이 더 비쌉니다. 이 말은 상대적으로 승차권이 저렴한 무궁화호를 이용할 경우, 더 오랜 시간 기차에 앉아 있어야 한다는 의미입니다. 즉 이동 시간을 줄이기 위해서는 더 많은 비용을 내야 합니다.

《뉴욕타임스》칼럼니스트인 토머스 L. 프리드먼은 2005년에 『세계는 평평하다』라는 책을 출판했습니다. 그는 이 책에서 "교통·통신의 발달로 세계화가 진행되면서 저개발국과 선진국이 동일한 조건에서 경쟁할 수 있게 되었으며, 평평해진 운동장에서 함께 경기를 하니 경쟁이 더욱 공평해졌다"라고 이야기합니다. 그러나 앞에서 언급했듯이 이동에는 비용이 들어갑니다. 비용을 지불할 수 있는 이들에게는 세상이 평평할 수 있지만, 그렇지 못한 이들에게 세상은 여전히 울퉁불퉁합니다. 그래서 평등보다는 공정함이 중요한 가치가 되어야 합니다. 모든 부분에서 평등만을 강조하면 여러 문제가 생겨납니다. 가령 모두가 자유롭게 경기할 수 있는 축구장이 있다고 가정해 봅시다. 그곳에서 비슷한 신체 조건을 가진 선수들끼리 경기를 한다면 공정한 것입니다. 그러나 우리나라의 어린이 축구 클럽과 유럽의 레알 마드리드 클럽이 정식 축구시합을 치른다

면 공정한 게임이 될까요? 세상은 경제 법칙이나 올림픽 경기의 룰처럼 딱 맞아떨어지는 경우가 적습니다. 필요에 따라 적절히 조절해야 공정성을 얻게 되는 경우가 많죠. 여기에 대해서는 케임브리지대학교 장하준 교수의 책인 『나쁜 사마리아인들』에서 자세히 다루고 있습니다.

　『나쁜 사마리아인들』에서는 신자유주의를 강조하면서 무역 장벽 철폐와 노동의 유연화 그리고 작은 정부를 지향해야 한다고 주장하는 선진국들을 강한 어조로 비판합니다. 실제로 오늘날의 선진국들, 곧 지난날의 제국주의 국가들은 자국의 이익을 위해 무역 장벽을 높게 세우고 보조금을 지급하는 등 자국 산업을 강력하게 보호해 왔습니다. 또한 쥐꼬리만 한 임금을 주며 그들의 식민지 국민들을 혹

사시켰습니다. 강력한 정부의 통제를 바탕으로 말이죠. 이제 선진국들은 기후변화협약이라든지 교토의정서, 파리협약 등을 통해서 환경 문제를 언급하고 있습니다. 동시에 선진국이 되기 위해 발버둥치는 개발도상국들에게 엄격한 규제를 강요하고 있습니다. 만약 공정한 경쟁을 통한 상호 발전을 원한다면, 선진국은 개발도상국이 안전하고 친환경적으로 발전하는 데 도움을 주어야 할 것입니다. 이때 발달된 교통·통신 수단은 선진국이 개발도상국을 지원하는 데 있어 중요한 매개가 될 수 있습니다.

그럼 교통·통신의 발달과 이동에 대해서 이야기를 이어 나가 볼까요? 현재 다국적기업 혹은 초국적기업이라 불리는 기업체들에게는 특정한 국적이 없습니다. 그런데 이러한 다국적기업들 간의 거래량이 세계 무역의 30% 이상을 차지하고 있습니다. 이를테면 삼성과 애플의 거래량이 한국과 미국 간의 거래량 중 30%를 차지한다는 말이지요. 이는 이동의 자유로 인해 나타난 결과입니다. 어떤 지역에 다국적기업 관련 시설이 들어서게 되면 그곳의 경제 활동은 활발해집니다. 따라서 세계의 어느 지역이든 기업체의 본사나 연구소 및 생산 시설을 유치하여 경제력을 확보하려고 합니다. 하지만 현실은 상당히 냉정합니다.

일단 사회가 안정되고 기반 시설이 튼튼한 국가 혹은 도시에 다국적기업 본사가 주로 입지합니다. 그리고 우수한 연구 인력을 구할 수 있는 선진국이나 개발도상국의 중심 도시 지역에는 기업의 연구소가, 저렴한 노동력을 구할 수 있는 지역에는 제품을 생산하는 공장이 들어섭니다. 이처럼 지역에서 구할 수 있는 생산 요소의 유형과 특징에 맞춰 다국적기업의 각 기능이 여러 곳에 분산되어 입지하게 됩니다. 이러한 현상을 '공간적 분업'이라고 합니다. 이때 생산 공장은 지역사회의 변화에 가장 민감하게 반응합니다. 어느 지역의 경제 상황이 급변하여 수익 창출이 어려워질 경우, 해당 지역의 생산 공장은 가장 먼저 문을 닫고 다른 곳으로 옮겨 갑니다. 이 과정에서 많은 공장 근로자가 일자리를 잃게 됩니다. 우리나라의 경우 지난 2018년 5월에 쉐보레 자동차를 생산하는 한국GM의 군산 공장이 문을 닫았습니다. 결국 1,500명이 넘는 공장 근로자가 실직하고, 이들의 가족을 포함해 5,000명에 육박하는 지역 주민의 생계가 어려워졌습니다. 실업수당 지급, 고용위기 지역 지정 등 정부 차원의 노력에도 불구하고 문제 해결은

쉽지 않았습니다.

아울러 한국GM의 경쟁기업들 역시 유리하지 않은 상황을 마주하게 되었습니다. 군산 공장의 폐쇄는 한국GM에 자동차 부품을 납품하던 중소기업에도 큰 타격을 주었기 때문입니다. 가령 A라는 기업이 한국GM, 현대자동차, 기아자동차에 부품을 납품해야만 기업을 유지할 수 있다고 합시다. 한국GM의 공장 폐쇄는 A기업의 유지를 어렵게 만들 것이고, A기업은 도산할 수도 있습니다. 이 경우 현대자동차와 기아자동차는 다른 중소기업을 찾아서 부품 납품을 의뢰해야 합니다. 그 결과 기존과 동일한 부품을 더 비싼 가격에 구매하게 될 경우 완성된 차의 가격도 덩달아 상승할 수 있습니다. 그리고 그 부담은 고스란히 소비자들에게 돌아오게 됩니다. 나아가 군산 공장 폐쇄는 공장 근로자들에게 의존하던 공장 주변의 요식업이나 도소매 업태에도 악영향을 미칩니다. 1,500명이 넘는 근로자들이 일순간에 사라져 버린 일은 점심과 저녁 시간에 반짝 밥장사를 하여 수익을 내던 소규모 식당들의 몰락과도 연결되기 때문입니다. 이러한 부정적인 효과들의 연쇄반응은 지역 전체를 피폐하게 만들 수 있습니다.

이처럼 다국적기업의 입지는 지역 경제에 큰 영향을 미칩니다. 그래서 한 지역에 기업을 유치하기 위해서는 여러 주체가 활발히 상호작용할 수 있는 여건을 마련해 두어야 합니다. 상호작용은 교통·통신이 발달하여 사람과 물자의 이동이 원활한 곳에서 주로 이루어집니다. 이때 상호작용이 다른 곳에 비해 특별히 많은 곳은 지역의 중심지로 성장하게 됩니다. 이러한 곳을 지리학에서는 '결절(node)'이라 부릅니다. 지하철이나 버스의 환승역을 생각하면 됩니다. 서울의 신도림역은 1990년대에 '지옥의 환승역'이라고 불렸습니다. 출퇴근 시간이면 이 역에는 사람 머리만 보일 정도로 승객이 많았고, 이들을 객차 안으로 밀어 넣던 '푸시맨'도 있었습니다. 지금은 지하철 노선이 늘어나 푸시맨은 사라졌지만 여전히 환승역은 많은 사람들로 붐빕니다. 일반적으로 사람들은 현금이나 신용카드 등을 가지고 이동합니다. 즉 이들 모두가 잠재적인 소비자가 됩니다. 따라서 환승역 주변에 상점을 차리면, 물건을 팔아 이윤을 남길 수 있는 기회가 다른 곳보다 많아집니다. 상인들은 환승역 일대에 자리 잡기 위해 경쟁하며, 그 결과 환승역 주변의 땅값과 상점 임대료는 점점 비싸집니다. 그럼에도 불구하고 많은 이익을 낼 수 있기에, 상점의 숫자는 증가하고 더욱 다양한 상업 기능이 발달하게 됩니다. 이렇게 '결절'이 만들어집니다.

〈그림 5-2〉 명동8길 사거리의 네이처리퍼블릭 매장

가령 서울에 있는 명동 중심가를 생각해 봅시다. 명동8길 사거리에 위치한 네이처리퍼블릭의 땅값은 수년째 전국 1위를 지키고 있습니다. 이곳의 땅값은 3.3㎡당 3억 원을 넘어갑니다. 어마어마한 가격이지만 이곳을 지나다니는 사람들(잠재적 소비자)의 숫자를 보면 어느 정도 이해가 될 겁니다. 명절이나 휴일의 경우 이곳에는 거의 하루 종일 길바닥이 보이지 않을 정도로 많은 사람이 모여듭니다. 마치 거리 전체가 1990년대의 신도림역처럼 북적입니다. 마찬가지로 전 세계의 대도시 내부에도 명동과 같은 상업 중심지가 있으며, 그런 곳을 중심으로 인구가 계속 몰려들게 되면 상업기능은 쭉쭉 성장해 갑니다. 이러한 양상이 반복되면서 점차 도시의 규모도 커집니다. 그리고 최종적으로는 다양하고 복잡한 기능이 꽉꽉 채워진 대도시, 세계도시로 발전하게 됩니다.

지금까지 이동과 관련된 내용을 지리 창문을 열어 살펴봤습니다. 이동은 여러 가지 기술의 발달로 인해 매우 빨라지고 또 편리해졌습니다. 그러나 매끈한 도로가 있어야 자동차라는 축지법을 쓸 수 있고, 공항이라는 시설이 있어야 항공기라는 축지법을 쓸 수 있습니다. 비행기를 타고 브라질 상공을 날아갈 때 아래로 보이는 아마존의 숲길은 매끈해 보입니다. 그러나 걸어서 이동해야 하는 원주민들에게 아마존은 쉽게 건너갈 수 없는 늪과 진흙탕이 가득한 곳입니다. 축지법을 쓰려면 반드시 비용을 지불해야 하므로 세계는 여전히 울퉁불퉁합니다.

우리는 유비쿼터스시대를 살아가고 있습니다. 네트워크에 '접속된' 상태에 익숙한 우리는 무의식적으로 전 세계 많은 사람과 연결된 상태로 생활하고 있습니다. 이러한 연결, 즉 관계 맺음의 정도가 깊어지면 세계정세가 아주 조금만 변해도 그 여파가 쓰나미가 되어 날아올 수 있습니다. 이를 '나비 효과'라고 합니다. 나비 효과는 '베이징에 사는 나비의 날갯짓이 뉴욕에서 거대한 폭풍으로 변할 수 있다'는 말입니다. 이처럼 내가 무심결에 하는 행동이 다른 누군가에게는 생각지도 못한 영향을 미칠 수도 있습니다. 하지만 이는 반대로, 조금 더 긍정적인 영향을 미치고자 한다면 우리 개개인도 큰 힘을 발휘할 수 있다는 뜻입니다. 따라서 앞으로는 세계시민성(global citizenship)을 갖추어 가면서 멀리 떨어진 국가들의 사정을 고민하고 배려하도록 합시다. 아직 내 힘이 약한 것처럼 느껴진다면 바로 '우샤히디 프로젝트'[3]나 '크라우드 펀딩'[4]을 검색해

---

3) 2007년 케냐에서는 대통령선거 이후 부정선거 논란으로 무력 충돌이 빚어지며 사회적으로 큰 혼란이 찾아왔습니다. 케냐의 저널리스트 오리 오콜로(Ory Okolloh)는 인터넷과 모바일을 통해 관련 사건을 제보받기 시작했고, 여러 사람의 제보를 실시간으로 모아 지도로 보여 주는 참여형 지도 플랫폼 '우샤히디(Ushahidi)'를 개발했습니다. 우샤히디는 특히 2010년 아이티 재해 당시 응급 지도로 유명세를 탔습니다. 인명 피해, 건물 파손, 범죄 등 각 지역의 실시간 정보를 제보받아 꾸린 지도가 적절한 구호 활동과 계획을 세우는 데 큰 도움을 주었기 때문입니다. (출처: http://www.bloter.net/archives/123760)
4) 크라우드 펀딩(crowd funding)은 SNS나 인터넷을 활용하여 다수의 개인으로부터 투자 자금을 모으는 방식을 말합니다.

보세요. 지금처럼 생각을 현실로 만들기 쉬운 시대는 없습니다.

그럼 6장에서는 지리학의 주요 연구 대상인 '지역'을 살펴보겠습니다.

 글쓰기 주제: '세계는 평평하다'와 '세계는 울퉁불퉁하다' 중 한 주제를 정하고, 각 주제에 맞는 두 가지 사례를 들어 글로 써 보자.

🖉

~~~~~~

~~~~~~

~~~~~~

~~~~~~

~~~~~~

~~~~~~

~~~~~~

~~~~~~

~~~~~~

~~~~~~

~~~~~~

~~~~~~

~~~~~~

~~~~~~

6장

지역, 지리적 특성의
모자이크

여러분은 '전국 순대 지도'에 대해 들어 본 적이 있나요? 순대는 어디서나 접할 수 있는 음식입니다. 찹쌀 순대, 모듬 순대 등은 길거리 분식점에서 파는 단골 메뉴죠. 그래서 지역의 특징이 반영된 순대를 찾아내고 또 이를 지도에 표현하기가 어렵습니다. 그런데 순대를 '무엇'에 찍어 먹느냐는 전국적으로 차이가 나타나고, 이를 지도에 표시해 본 결과 '전국 순대 지도'가 탄생했습니다. 순대는 보통 고춧가루가 섞인 소금에 찍어 먹습니다. 그러나 호남 지방에서는 순대를 '초장'에 찍어 먹고, 경남 지방과 부산에서는 '막장'에 찍어 먹습니다. 초장은 고추장과 식초를 섞어서, 막장은 된장과 고추장을 섞어서 만듭니다. 막장은 쌈장과 비슷하지만 고추장을 좀 더 넣는다고 합니다. 또한 제주도에서는 간장에 파를 송송 썰어 넣어 만든 '양념장'에 순대를 찍어 먹는 경우가 많습니다.

이처럼 순대를 찍어 먹는 양념이 무엇인지에 따라서 지역 구분이 가능합니다. 이 밖에도 팥죽이나 콩국수에 섞어 먹는 조미료를 가지고 지역의 특성을 알아낼 수 있습니다. 영남 지방에서는 팥죽과 콩국수에 소금을 넣어 먹습니다. 호남 지방에서는 설탕을 넣습니다. 하지만 호남 안에서도 약간의 소금을 설탕과 함께 넣어 먹는 곳들이 있는데, 이러면 단맛이 훨씬 강하게 느껴진다고 합니다. 필리핀이나 태국 같은 국가도 비슷한 특성이 있습니다. 이 국가들에서는 녹차나 우유에 설탕을 듬뿍 넣어서 먹습니다. 기후가 워낙 덥고 습해서 이런 식으로 에너지를 보충하지 않으면 빨리 지치기 때문이지요. 여러분이 살고 있는 곳에서는 팥죽이나 콩국수에 무엇을 넣어 먹나요? 설탕을 넣어 먹

〈그림 6-1〉 전국 순대 지도

(출처: 한복진, 2009, 『우리 음식의 맛을 만나다』, 서울대학교 출판문화원)

나요? 소금을 넣어 먹나요? 잘 모르겠으면 친구들과 같이 식당이나 분식집에 가서 팥죽이나 콩국수 혹은 순대를 주문하고 어떤 양념이 따라 나오는지 확인해 보세요.

이처럼 지역 구분의 기준은 일상에서 마주하는 상황 속에서도 찾을 수 있습니다. 음식의 특징처럼 쉽게 파악할 수 있는 것에서 기후와 지형, 특징적인 문화 경관처럼 다양하고 세밀한 기준들을 사용하여 지역을 구분할 수 있습니다. 그럼 지금부터 '지역'의 의미를 살펴보고, 더욱 자세한 지역 구분 방법과 그 사례들을 알아보겠습니다.

지역이란 지리적 특성이 다른 곳과 구별되는 지표상의 일정한 공간 범위 혹은 장소를 의미합니다. 지역은 동네와 같은 작은 스케일(규모, scale)에서 도시, 국가, 대륙 등 다양한 스케일의 공간 범위로 표현될 수 있습니다. 또한 지역은 자연환경과 인문 환경에 의해 구분되기도 합니다. 자연환경을 기준으로 삼을 경우 산지와 평야, 열대 기후와 온대 기후 등 지형과 기후의 특징을 고려할 수 있습니다. 인문 환경에 따라 지역을 구분한다면 도시와 농촌, 공업 및 상업 지역, 인구가 많이 모여 있는 지역과 거의 없는 지역 등을 생각해 볼 수 있겠죠. 그리고 이러한 기준을 사용하여 구분한 지역에서 각 지역의 고유한 특성인 지역성을 찾아낼 수 있습니다.

이 책의 첫 부분에서 "지리학에서는 차이를 중요하게 다룬다"라고 이야기했습니다. 실제로 지역성 연구에서는 지역 간 차이가 나타나는 원인과 결과(원인을 반영한 현상)에 주목합니다. 특히 지역성을 파악하는 것은 지리학 연구의 가장 기본적인 과정입니다. 그런데 지역성은 시공간의 변화에 따라 강화 혹은 약화되거나 기존과 다르게 그 성격이 바뀌기도 합니다. 따라서 지리학자들은 항상 '어디에, 무엇이, 왜, 어떻게 나타나는가?'를 끊임없이 연구하고 있습니다.

우리나라의 울산광역시를 예로 들어 보겠습니다. 오래전 울산은 고래잡이를 주로 하던 작은 어촌마을이었습니다. 그런데 1960년대 이후 정유 공장, 자동차, 조선소가 울산에 대규모로 건설되면서, 중화학 공업이 지속적으로 발달했습니다. 1997년에 울산은 우리나라의 일곱 번째 광역시가 되었고, 지금은 우리나라에서 가장 중요한 공업도시로 확고히 자리매김했습니다. 이처럼 지역성은 시간이 지남에 따라 달라집니다. 이때 오랜 시간이 지나야 변하는 것과, 실시간으로 빠르게 바뀌는 것들이 함께 지역성을 만들어 나가게 됩니다. 전북 김제시의 호남평야는 매년 비슷한 패턴으로 벼농사가 진행되지만, 서울 중심부를 지나는 지하철역 주변의 상점들은 매년 그 모습이 바뀌곤 합니다. 지리학에서는 이러한 특성이 반영된 지역들을 '동질 지역'과 '기능 지역'으로 구분하여 연구합니다.

동질 지역은 특정한 지리적 현상이 동일하게 분포하는 공간 범위입니다. 기후 지역과 농업 지역, 문화권 등이 이에 해당합니다. 이 중 기후 지역은 다시 열대, 온대, 냉대, 건조, 한대 지역으로 세분화되어 각각의 동질 지역으로 구분됩니다. 농업 지역 또한 마찬가지로 벼농사, 밭농사 지역 등으로 세분화됩니다. 문화권은 이보다 훨씬 복잡하게 나눠지기도 합니다.

기능 지역은 중심지와 배후지(주변 지역)로 이루어져 있습니다. 중심지와 배후지는 서로 영향을 주고받으며 기능적으로 결합되어 있습니다. 이때 중심이란 주변 지역에 재화 또는 서비스를 공급해 주는 곳을 말합니다. 예를 들어 도시는 주변 지역에 서비스를 제공하고, 주변 지역은 도시 유지에 필요한 물질적 요소들을 도시에 제공합니다. 또 백화점 같은 시설은 고객에게 다양한 재화와 서비스를 제공하고, 고객은 그 안에서 소비 활동을 함으로써 백화점이 유지되도록 합니다. 이러한 도시와 백화점은 일종의 중심지입니다.

그러면 학교는 중심지일까요? 학생들에게 물어보면 대부분 "학교에는 매점도 있고, 급식을 주기 때문에 중심지예요"라고 대답합니다. 물론 급식과 간식거리는 학생들에게 매우 중요합니다. 그러나 학교는 학생들에게 교육 서비스를 제공하는 대표 시설이란 측면에서 중심지가 됩니다. 그리고 급식실과 매점은 학교의 기능을 보완하는 보조 시설에 해당됩니다. 짜장면이 먹고 싶을 땐 중국집으로 가는 것이 일반적이지, 학교에 와서 짜장면 급식을 기다리진 않으니까요.

통학권과 통근권 또한 기능 지역의 대표적인 사례입니다. 여러분이 학교에 무엇인가를 배우러 오는 것을 통학(通學)이라고 하고, 선생님이 학교에 일하기 위해 오는 것은 통근(通勤)이라고 합니다. 그리고 통학과 통근이 가능한 최대한의 범위를 각각 통학권, 통근권이라고 합니다. 예를 들어 경기도 고양시 일산구에서 서울특별시 양천구의 양정고등학교까지 매일 공부하러 다닐 수 있다면, 그게 통학권이 되는 거죠. 물론 이때는 자동차나 대중교통을 이용해야 합니다. 그렇지만 다소 먼 거리라 해도 충분히 통학할 만한 가치가 있다면 불편함을 감수하고서라도 이동하게 되지요.

통학·통근권과 비슷하게 백화점·편의점 등의 영향 범위인 상권, 지하철역 주변의 상가와 서비스업체의 분포 범위인 역세권 그리고 여러분이 자주 먹는 치킨의 배달 범위인 배달권 등도 기능 지역으로 분류합니다. 이때 백화점처럼 다양한 고급 제품을 구할 수 있는 곳은 멀리서도 사람들이 찾아옵니다. 반면에 우유, 라면 등을 사기 위해서는

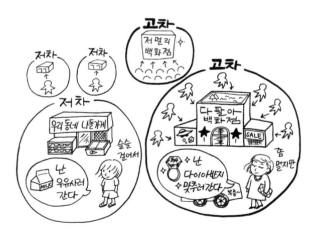

집 근처 편의점을 자주 찾게 되지요. 이러한 이동 패턴을 간단히 요약하면 이렇습니다.

"기능이 다양한 중심지(고차 중심지)는 영향력이 미치는 범위가 넓고, 기능이 적은 중심지(저차 중심지)는 인접 지역에만 영향력을 미친다."

다음으로는 성격이 다른 두 지역의 경계에서 나타나는 특징에 대해 알아볼 차례입니다. 이러한 곳에서는 두 지역의 특성이 섞인 '점이 지대'가 만들어집니다. 예를 들어 전남 광양시에서 섬진강을 넘어 동쪽으로 가면 바로 경남 하동군이 나옵니다. 이때 섬진강은 호남과 영남의 경계선이 되지요. 이렇게 다른 행정구역에 속하지만 섬진강에 인접해 있는 마을들은 서로 간의 인적·물적 교류가 잦습니다. 그래서인지 섬진강을 사이에 둔 마을 사람들끼리의 결혼 건수가 많으며, 사돈 관계를 맺게 되면서 서로의 교류는 더욱 빈번해지죠. 이 때문에 섬진강과 인접한 광양 동부 권역의 사투리는 경상도 사투리의 느낌이 강하며 일반적인 전라도 사투리와는 차이가 납니다. 실제로 제게는 광양

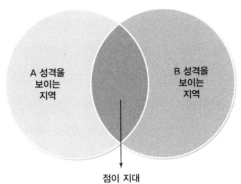

점이 지대
(A와 B의 성격이 혼재하는 지역)

〈그림 6-2〉 점이 지대

〈그림 6-3〉 영호남의 점이 지대인 광양시의 위치

에서 태어나 살다가 서울 소재 대학에 진학한 친구가 있습니다. 그는 대학교 신입생 오리엔테이션에서 전라도와 경상도 사투리가 융합된 특유의 말투로 인해 오해를 샀다고 합니다. 선배들이 그에게 "너 북한에서 왔니?"라고 심심찮게 물어본 것이지요. 호남과 영남의 경계선에서 사용되는 사투리는 남한 어느 지역에서도 찾아보기 쉽지 않은 경우였기 때문입니다. 서로 다른 문화가 공존하는 점이 지대에 있었기에 나타난 현상이죠.

점이 지대를 알아보면서 영남, 호남 등의 지역을 언급했습니다. 내친김에 우리나라의 지역 구분에 대해서 참고할 만한 내용을 정리해 보겠습니다. 현재 우리나라는 북부 지방, 중부 지방, 남부 지방으로 구분할 수 있습니다. 북부 지방은 북한, 중부 지방은 수도권·강원권·충청권, 남부 지방은 호남권·영남권·제주권으로 나뉩니다. 그러나 우리나라의 전통 지역 구분은 이와는 조금 다릅니다. 과거에는 큰 고개, 산줄기, 하천을 기준으로 지역을 나누었기 때문입니다. 일단 함경도 안변군과 강원도 회양군의 경계에 있는 철령관을 기준으로 관북, 관서, 관동을 구분했습니다. 이때 관북·관서 지역은 낭림산맥의 양쪽에 펼쳐져 있

〈그림 6-4〉 우리나라의 지역 구분, 현재(좌)와 과거(우)

고, 관동 지역은 현재의 강원도에 해당하는 범위입니다. 강원도는 다시 대관령을 경계로 영동 지방과 영서 지방으로 나뉩니다.

영남 지방과 호남 지방의 경우, 두 지역 모두 '남'이라는 글자가 들어가지만 구분 기준이 다릅니다. 일단 영남 지방은 조령(문경새재)의 남쪽을 말합니다. 호남이라는 명칭은 과거 '호강'이라고 불렸던 금강의 남쪽, 혹은 전라북

〈표 6-1〉 전통 지역 구분

구분	구분 경계 및 위치	행정구역	주요 도시
관북 지방	철령관의 북쪽	함경도	함흥, 경성
관서 지방	철령관의 서쪽	평안도	평양, 안주
관동 지방	철령관의 동쪽(대관령을 경계로 영서와 영동으로 나뉨)	강원도	강릉, 원주
해서 지방	서울을 기준으로 바다(경기만) 건너에 위치	황해도	황주, 해주
경기 지방	왕도인 서울을 둘러싸고 있는 지역	경기도	서울(한성)
호서 지방	제천 의림지 서쪽 또는 금강(호강) 상류의 서쪽	충청도	충주, 청주
호남 지방	금강(호강)의 남쪽	전라도	전주, 나주
영남 지방	조령(문경새재)의 남쪽	경상도	경주, 상주

도 김제의 벽골제 남쪽이라는 것에서 유래되었습니다. 이때도 섬진강은 영남 지방과 호남 지방을 나누는 경계였습니다. 덧붙여 충청도는 삼한시대에 만들어진 의림지(義林池)라는 인공 호수의 서쪽 지방이라 하여 호서 지방으로 불렸습니다. 마지막으로 서울과 그 주변은 경기 지역이며, 이때 경기(京畿)의 기(畿)자가 '서울 주변으로 500리에 해당하는 곳'이란 의미입니다.

이러한 지역 구분과는 다르게 각 '도'의 명칭은 해당 도에서 가장 큰 고을의 앞 글자를 따서 지었습니다. 강원도는 '강'릉과 '원'주, 충청도는 '충'주와 '청'주, 전라도는 '전'주와 '나'주, 경상도는 '경'주와 '상'주의 앞 글자를 딴 것입니다.

우리나라의 지역 구분에 대해서는 〈그림 6-4〉와 〈표 6-1〉을 확인해 가면서 차근차근 익혀 두는 것이 좋습니다. 이러한 구분이 섞여서 각종 매체에 등장하기 때문입니다. 또 이렇듯 조금만 관심을 가지고 우리나라의 지역을 알아 간다면, 지역에 관련된 여러 가지 콘텐츠를 더욱 쉽게 이해할 수 있을 겁니다.

지금까지 살펴본 것처럼 지역은 여러 기준에 의해서 다양하게 구분됩니다. 즉 구분 기준이 무엇이냐에 따라 지역은 크고 작은 스케일로 쪼개질 수 있지요. 조심해야 할 것은 구분된 지역이 칼로 자른 것처럼 뚜렷하게 나뉘는 특성을 가질 거라는 착각입니다. 이와 관련하여 요즘 언론에 많이 등장하는 '프레임'이라는 용어를 짚고 넘어가려 합니다. 프레임이란 세상을 바라보는 창 혹은 틀을 말하며, 그 종류는 매우 다양합니다. 그러나 지지층을 넓히기 위해 대중을 통제하려는 권력집단은 미디어를 이용하여 특정 프레임만이 진실인 것처럼 위장하기도 합니다. 때로는 현실과 정반대의 상황을 만들어 놓고 그것이 진실인 것처럼 방송과 신문을 편집하지요. 이 과정에서 진실은 조작되거나 왜곡됩니다. 또한 이러한 프레임들이 지역 구분 방식에 덧씌워져서 권력관계를 좌지우지할 수도 있습니다. 매번 선거철이 되면 후보들은 저마다의 프레임을 구축하고, 전국을 돌아다니면서 최대한 많은 이들에게 자신이 가진 프레임의 정당성을 어필합니다. 이때 자신이 다른 후보들보다 더 나은 프레임을 갖고 있음을 강조하기 위해 네거티브 전략을 사용합니다. "내 것이 최고이고, 다른 사람의 것은 단점이 더 많다"에 초점을 맞춰 연설하는 것이죠. 이러한 아전인수(我田引水)[1] 격인 이야기에 현혹되지 않으려면 어떤 기준으로 프레임이 만들어졌는지 면밀히 분석해야 합니다. 특히 지역 간 관계에 대한 내용은 꼭 지리 창문을 통해 확인해 보는 것이 좋습니다.

프레임과 스케일을 통합적으로 정리하기 위해 경제학자

---

1) '제 논에 물 댄다'는 뜻으로, 무슨 일을 자기에게 이롭게 되도록 생각하거나 행동함을 이르는 말입니다.

우석훈의 책인 『나와 너의 사회과학』을 인용할까 합니다. 그는 사회 현상을 바라볼 때, 방법론적 개인주의(methodological individualism)와 방법론적 전체주의(methodological holism)로 나누어 접근하라고 말합니다. 예를 들어 우리나라 현대사에 큰 획을 그었던 5·18 민주화 운동을 생각해 봅시다. 1980년 5월 당시 광주에 있었던 모든 사람들을 개별적으로 연구해야 한다는 입장이 방법론적 개인주의입니다. 반면에 방법론적 전체주의에서는 집단이 구성되는 과정에서 만들어지는 독특한 속성을 연구하기 위해 사회집단 전체를 하나의 연구 대상으로 봅니다. 따라서 당시 광주 시민의 입장, 광주라는 공간의 의미 그리고 5·18 민주화 운동의 진행을 전체적으로 바라보며 연구해야 한다고 주장합니다. 이처럼 둘은 매우 다르지만 지역 연구를 위해 꼭 필요한 연구 방법들입니다. 나무를 보면서 숲을 생각하고, 숲을 보면서 나무를 파악해야 숲 생태계를 이해할 수 있는 것처럼, 대상의 범위를 좁히거나 넓히면서 연구를 진행해야 하기 때문입니다. 지리학에서는 이러한 방법론을 '스케일의 줌인&줌아웃'으로 표현합니다. 스케일은 7장에서 자세히 다루도록 하겠습니다.

 글쓰기 주제: 내가 점이 지대와 같은 경계에 산다면
어떠한 장점과 단점이 있을지 생각하여 글을 써 보자.

✏️

~~~~~~

~~~~~~

~~~~~~

~~~~~~

~~~~~~

~~~~~~

~~~~~~

~~~~~~

~~~~~~

~~~~~~

~~~~~~

7장

스케일, 줌인&줌아웃의 지리 방법론

저는 가끔 극장에서 블록버스터 영화를 봅니다. 한번은 영화 관람을 마치고 나가면서 함께 영화를 본 다른 사람들의 대화를 들은 적이 있습니다. "이 영화 어땠어?", "그것 참, 스케일이 크네" 등 주로 영화의 스토리나 특수 효과 등을 분석하고 비평하는 내용이 많았습니다. 이때 사람들은 영화에서 설정한 주인공의 활동 범위나 세계관 등을 이야기하면서 무의식적으로 '스케일'을 언급하고는 합니다. 사실 지리 전공자들은 이 용어를 상당히 자주 사용하고, 일반인들 역시 그리 낯설어 하지 않지만 개념적으로 뭔지 모를 모호함이 남아 있습니다. 따라서 이번 장에서는 '스케일'이란 용어를 스케일 있게 다루어 보고자 합니다.

스케일은 상당히 많은 뜻을 가지고 있습니다. 비늘, 저울, 음계, 천칭자리(the Scales), 규모, 길이를 잴 수 있는 자 그리고 축척 등이 모두 스케일에 담겨 있는 의미입니다. 여기서는 이런 의미들 가운데 '축척(縮尺)'을 중심으로 이야기하겠습니다. 사실 축척은 초등학교에서부터 배우는 내용이지만 사람들에게 그리 익숙하진 않은 용어입니다. 실제로 저는 교육에 대한 책들을 읽으면서 '축척'을 '축적'이라고 잘못 쓴 부분을 제법 많이 보았고, 해당 책의 출

판사에 수정을 요구하는 메일을 여러 차례 보냈습니다. 이 책들은 지리교육 분야도 다루고 있었지만, 이들의 저자와 편집자는 여전히 축척이란 개념이 생소한 것 같았습니다.

축척[1]은 지도상의 거리(길이)와 실제 거리 간의 비율을 말합니다. 비례식으로는 '지도상의 거리 대 실제 거리'라고 쓸 수 있습니다. 일반적으로 가장 많이 사용되는 축척인 1:50,000의 지도에서는 실제 거리 50,000cm(500m)가

---

1) 지도나 설계도 따위를 실물보다 축소해서 그릴 때, 그 축소한 비율을 말합니다. 줄인자라고도 하며 반대말은 현척(現尺)입니다.

1cm로 표현됩니다. 실제 모습을 그대로 지도에 담기 어려우니, 일정한 비율로 줄여 나타내는 것이죠. 사실 이 내용은 크게 어렵지 않습니다.

그러나 대축척 지도와 소축척 지도에 대한 비교를 시작하면 학생들이 많이 헷갈려 합니다. 저는 혼란을 줄여 보기 위해서 학생들과 함께 동네 지도와 세계 지도를 비교하는 활동을 합니다. 두 지도는 각각 어떤 축척을 사용할까요? 같은 크기의 종이 안에 전 세계를 모두 담아야 하는 세계 지도는 동네 지도보다 실제 거리를 훨씬 많이 줄여야 합니다. 지구 상의 모든 대륙을 B4용지 안에 다 담기 위해서는 약 1:100,000,000이라는 축척을 사용해야 합니다. 반면에 서울시 정도의 지역을 B4용지에 넣기 위해서는 1:100,000 정도의 축척을 사용하면 되죠. 이때 매우 큰 숫자의 축척이 세계 지도에 사용되므로 이를 대축척 지도라고 할 수 있을까요? 뭔가 헷갈릴 것 같지만 의외로 간단하답니다. 세계 지도와 서울시 지도에 사용된 축척을 분수로 바꿔 보면 됩니다. 비례식은 분수로 쓸 수도 있으니 각각 세계 지도는 1억분의 1이 되고, 서울시 지도는 10만분의 1이 됩니다. 분수에서는 분자가 같으면 분모가 작을수록 수가 더 큽니다. 10만과 1억을 비교해 보면 10만이 더 작으므로 10만분의 1이 1억분의 1보다 큰 수가 됩니다. 따라서 서울시 지도가 세계 지도보다 대축척 지도입니다. 또한 축척은 상대적 개념이기 때문에 10만분의 1 지도는 1억분의 1 지도보다는 대축척이지만, 5천분의 1 지도보다는 소축척입니다. 따라서 5천분의 1 지도는 10만분의 1 지도보다 좁은 지역을 자세히 나타낼 수 있습니다. 마찬가지로 10만분의 1 지도는 5천분의 1 지도보다 넓은 지역을 간략히 나타낼 수 있습니다. 그러나 축척과는 다르게, '스케일'이란 용어를 쓸 경우에는 의미 해석에 주의해야 합니다. 작은 스케일로 본다는 말은 좁은 지역을 본다는 뜻이고, 큰 스케일로 본다는 말은 넓은 지역을 본다는 뜻입니다. 따라서 스케일은 '지역 스케일-국가 스케일-글로벌 스케일' 순서로 다루는 범위가 넓어집니다. 사실 축척과 스케일은 동일한 용어인데, 쓰임새가 달라 혼동이 발생하게 됩니다. 정리하면 대축척 지도는 좁은 스케일(우리 동네), 소축척 지도는 넓은 스케일(전 세계)로 세상을 바라본다는 말입니다. 대축척 지도는 특정 지점을 자세히 보려고 '크게' 확대한 것이고, 소축척 지도는 전체 윤곽을 간략하게

보기 위해 '작게' 확대한 지도라고 생각하시기 바랍니다.[2]

지금까지 축척의 의미를 중심으로 스케일을 이야기했습니다. 이제부터는 세상을 보는 도구로서 스케일을 살펴보려고 합니다. 스케일에 따라 사람들은 자신이 살아가는 지역에 대해 다양한 관점의 지리 정보를 얻게 됩니다. 예를 들면 자신의 동네를 중심으로 지역을 구분하여 좁은 지역에 대한 세부적인 지리 정보를 얻기도 하고, 세계를 대륙별로 구분하여 넓은 지역에 대한 전체적인 정보를 수집하기도 합니다.

---

[2] 종이로 제작된 지도들 중 1:5,000, 1:10,000, 1:25,000, 1:50,000, 1:250,000의 축척으로 그려진 지형도는 모두 신문지 반절 크기의 종이를 사용합니다 (단 1:250,000의 경우는 가로로 더 넓습니다). 그러나 그 안에 표현되는 땅의 넓이는 각기 다릅니다. 아래의 표를 참고하여 한 장의 지도에 표현되는 실제 거리와 면적을 이해해 볼까요?

구분 \ 축척	1:5,000	1:10,000	1:25,000	1:50,000	1:250,000
지도 총 장수(장)	17,000	5,531	794	239	22
지도 크기(cm)	55×44	55×44	55×44	55×44	62×44
지도 1장당 표현되는 실면적(km²)	6~6.5	24~26	150~160	600~640	약 13,000
실제 1km의 지도상 거리(cm)	20	10	4	2	0.25

* 위 표의 내용은 우리나라에서 제작된 종이 지도에만 적용됨

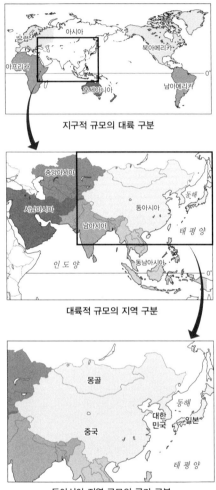

지구적 규모의 대륙 구분

대륙적 규모의 지역 구분

동아시아 지역 규모의 국가 구분

〈그림 7-1〉 스케일 링키지의 예시

우선 세계는 크게 아시아, 유럽, 아프리카, 오세아니아, 아메리카 대륙으로 구분할 수 있습니다. 이러한 구분을 대륙 스케일이라고 합니다. 그러나 대륙 규모의 스케일만으로는 일상적 규모의 이야기들을 찾아보기 힘들지요. 그래서 우리는 대륙 규모의 스케일을 보다 좁은 범위로 나눠봐야 합니다. 〈그림 7-1〉처럼 점점 확대해 가면서 말이죠.

이는 스마트폰에서 사진을 감상할 때 사용하는 방법과 같습니다. 스마트폰에 담긴 사진을 자세히 보고 싶을 때 우리는 어떻게 하죠? 보통 검지와 엄지손가락을 오므린 채로 화면에 댄 다음 바깥쪽으로 벌리곤 하죠. 그러면 줌 인(zoom in)이 되면서 사진이 확대되고 사진의 일부분을 자세히 볼 수 있게 됩니다. 사진을 다시 전체적으로 보고 싶을 때는 벌렸던 두 손가락을 안쪽으로 오므리면서 사진을 줄입니다. 이게 줌아웃(zoom out)을 하는 것입니다. 스마트폰에서 인터넷 지도를 이용할 때 역시 같은 방식으로 '줌인&줌아웃'을 하면서 원하는 지역이나 지점을 찾습니다. 이처럼 여러 스케일을 자유롭게 조정하여 사용하는 방법을 스케일 링키지(scale linkage)라고 합니다.

스케일 링키지를 적절히 사용하면 동일한 현상이나 사

건을 작은 스케일에서 큰 스케일까지 입체적으로 분석할 수 있습니다. 예를 들어 여러분이 친구에게 '베네치아'라는 도시를 설명한다고 가정해 봅시다. 설명을 듣는 친구는 가장 먼저 "베네치아가 어디지?"라고 생각할 것입니다. 이때 여러분은 스마트폰을 꺼내서 작은 스케일로 화면에 가득 찬 베네치아의 모습을 보여 줄 수 있습니다. 그러면서 베네치아에서는 곤돌라를 탈 수 있고, 아름다운 수상 건물이 있다는 등의 이야기를 해 줄 수 있겠지요. 그러나 정작 베네치아의 위치가 이탈리아 어디쯤인지는 알기 어렵습니다.

이때 여러분은 스케일 링키지를 활용하여 베네치아가 점으로 보일 때까지 줌아웃합니다. 그리고 그 점이 이탈리아 어디쯤에 있는지 알 수 있는 화면을 친구에게 보여 주면 됩니다. 만약 수업 시간에 어떤 국가의 위치와 특징을 발표해야 한다면 이 역시 스케일 링키지를 활용하면 됩니다. 그러면 보다 멋진 발표를 위한 스케일 링키지 사용 순서를 살펴보겠습니다.

여러분이 특정 지역에 대해서 발표할 때에는 다음 순서를 지켜 주세요. 우선 첫 번째 슬라이드에 주제와 인적 사항을 보여 주고, 두 번째 슬라이드에는 발표 주제에 대하여 자세히 제시합니다. 다음으로 청중에게 여러분이 발표할 지역의 위치를 정확히 알려 주어야 합니다. 따라서 세 번째 슬라이드부터는 스케일 링키지를 활용하여 지역의 위치를 줌인&줌아웃을 하면서 보여 줍니다. 구체적으로 세 번째 슬라이드에는 세계 지도, 네 번째 슬라이드에는 관련 대륙, 그다음에는 국가, 마지막 슬라이드에는 발표 지역이 화면에 꽉 차도록 줌인하면서 제시하면 됩니다. 요약하면 '세계 지도→대륙→국가→지역' 순서로 스케일을 좁혀 가는 겁니다. 그렇다면 위의 내용을 접목시킨 발표 상황을 상상해 볼까요?

우선 A라는 학생이 방글라데시를 발표합니다. 이 학생은 먼저 인도 동쪽에 붙어 있는 방글라데시 지도만 보여 준 다음에 방글라데시에 대하여 자신 있게 설명하기 시작합니다. 그러나 발표를 듣는 학생들은 인도가 어느 대륙에 있는지를 추가로 생각해야 합니다. 이래저래 불충분한 정보로 혼선을 빚게 되지요.

다음으로 B학생이 베네치아를 발표합니다. 이 학생은 위에서 제시한 스케일 링키지에 따라 세계 지도, 유럽 대륙, 이탈리아 반도, 베네치아를 애니메이션으로 구성하여 순서대로 제시합니다. 발표를 듣는 학생들은 가장 먼저 베네치아가 유럽 대륙의 이탈리아에 속한 도시라는 사실을 알게 됩니다. '베네치아의 위치'라는 기본적 지리 정보를 얻은 것이지요. 따라서 학생들은 이후에 진행될 베네치아의 다양한 자연적·문화적 요소들에 대한 B의 설명을 보다 쉽게 이해할 수 있을 것입니다.

이때 A학생이든 B학생이든 유의해야 할 점이 있습니다. 바로 친구들이 화면의 지도를 유심히 볼 수 있도록 충분한 시간을 제공하는 것입니다. A학생이 비록 스케일 링키지를 잘 사용하지 못했더라도 지도를 충분히 보여 주면서 설명한다면 약점을 보완할 수 있습니다. 또 B학생이 스케일 링키지를 잘 사용했더라도 너무 빨리 슬라이드를 넘기면 애써 준비한 지도 자료를 제대로 활용하지 못하게 됩니다.

스케일 링키지는 다른 학문을 연구할 때에도 십분 활용할 수 있는 방법입니다. 특히 비교지역적 관점을 접목한다면 금상첨화이지요. 말이 나온 김에 스케일에 대한 내용을 정리하면서 비교지역적 관점에 대해 알아보겠습니다.

경상남도의 해안 도시인 통영은 '한국의 나폴리'라고 불립니다. 나폴리는 이탈리아 남부의 도시로 오스트레일리아의 시드니, 브라질의 리우데자네이루와 더불어 세계 3대 미항(美港)으로 알려져 있습니다. 따라서 통영을 한국의 나폴리라고 표현한 이유는 통영이 세계 3대 미항에 버금가는 아름다운 항구임을 강조하기 위해서입니다. 마찬가지로 일본 혼슈섬의 중앙에 있는 교토시를 '일본의 경주'로 표현한다면, 이는 교토가 다양한 문화유산과 유적

으로 유명하다는 사실을 훨씬 쉽게 전달할 수 있습니다. 또 특정 지역의 막연한 수치 자료들을 누구나 쉽게 가늠할 수 있는 일반적인 규모의 숫자로 변환하는 방법도 있습니다. 예를 들어 남북한을 합한 한반도 전체의 면적은 약 22만 km²이며, 남한의 면적은 약 10만 km²입니다. 비교 대상으로 2018년 월드컵을 개최한 17,098,242km²의 러시아를 생각해 봅시다. 이때 러시아가 얼마나 거대한 국가인지 숫자만으로는 가늠하기 어렵습니다. 그러나 러시아의 크기가 한반도의 78배이고, 남한의 170배라고 표현한다면 대략 느낌이 옵니다. 우리나라를 돌아다니는 것도 쉽지 않은데 우리나라의 170배나 되는 거대한 러시아를 돌아다니는 것은 얼마나 힘들까요? 이러한 비교지역적 관점을 사용하면 세계 각국의 다양한 지역을 이해하고 설명하는 데 많은 도움이 됩니다. 또 발표를 하는 사람이 지리덕후가 아니더라도 충분히 흥미진진한 이야기를 만들어 낼 수 있습니다.

이제 스케일을 정리하면서 다음 장으로 넘어갈 준비를 해 보겠습니다. 지금까지 이야기했던 스케일과 스케일 링키지는 살아가면서 겪게 되는 다양한 문제들을 해결할 때에도 도움이 됩니다. 창의성 전문가인 데이비드 코드 머레이는 『바로잉』이라는 책에서 스케일을 활용한 문제 해결 과정과 유사한 내용을 제시합니다. 아래 내용을 읽어 보면서 이번 장의 주제였던 '스케일'과의 접점을 찾아보세요.[3]

> 여러 해결책에 대한 의견에서 묶음 작업을 끝낸 뒤에는 가장 높은 차원에서 낮은 차원까지 분류하고 서열을 정하라. (중략) 범위를 이해하기 위해서 나는 하나의 문제를 취한 다음, 이 문제를 둘러싼 다른 문제들을 살피려고 그 문제의 위를 바라보고 또 아래를 바라본다. 위를 바라봄은 그 문제를 야기한 해결책을 확인함으로써 해당 문제 위에서 파악한다

---

3) 데이비드 코드 머레이, 이경식 역, 2011, 『바로잉』, 흐름출판, pp.80~85.

는 뜻이다. 아래를 바라봄은 해당 문제를 해결할 때 부수적
으로 발생하는 문제들을 파악한다는 의미다. (중략) 창의적
인 천재는 여러 문제의 전체적인 범위를 인식하며, 중요하
지 않은 낮은 차원의 문제들일지라도 궁극적으로 기념비적
인 높은 차원의 문제들과 연결되어 있음을 잘 알고 있다.

'연결성(connectivity)'은 미래 사회의 중요한 키워드 중
하나입니다. 여러분과 여러분을 둘러싸고 있는 모든 세계
는 은연중에 서로 연결되고 상호작용합니다. 그렇기에 어
떤 일을 하더라도 우선 내 주변, 우리 동네, 우리나라, 전
세계에 이르는 스케일을 조정(줌인&줌아웃)해 가며 현상
을 바라보고 해석해야 합니다. 그러는 과정에서 보이지 않
았던 연결고리들을 찾아낼 수 있습니다.

이어지는 8장에서는 "어디로?"라는 질문의 답을 찾기
위해 많은 이들이 머릿속에 떠올리는 도구인 '지도'에 대
해 다루도록 하겠습니다.

📖 글쓰기 주제: '전체는 부분의 합보다 크다'는 명제에 대해 스케일의 개념을 활용하여 글을 써 보자.

✏️

~~~~~~

~~~~~~

~~~~~~

~~~~~~

~~~~~~

~~~~~~

~~~~~~

~~~~~~

~~~~~~

~~~~~~

~~~~~~

~~~~~~

8장

지도, 세상을
담아내는 그릇

사람들에게 "지리를 생각하면 무엇이 가장 먼저 떠오르나요?"라고 묻는다면 대답은 크게 두 경우로 나뉠 듯합니다. 우선 한동안 망설이며 고민하는 경우 그리고 매우 다양한 내용을 이야기하는 경우입니다. 어찌 보면 당연하다고 생각합니다. 지리가 워낙 다양한 것들과 관련되어 있으니까요. 가령 지리에서 나무젓가락을 바로 떠올릴 수 있는 사람은 많지 않습니다. 왜냐하면 지리와 나무젓가락 사이에는 수많은 연결고리가 숨겨져 있기 때문입니다. 그 연결고리들을 풀어 나가며 지리와 나무젓가락의 관계를 이해하기 위해서는 '지리=위치=where'이라는 링크가 가장 중요합니다. 이때 지도는 '위치'를 파악하기 위한 가장 기본적이고도 중요한 도구입니다. 그래서 지리와 지도는 항상

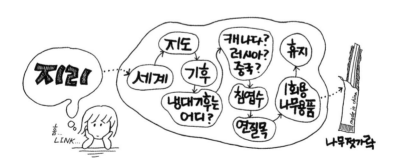

같이 붙어 다니며 종종 동일시되기도 합니다. 또 지도는 어디서나 다양하게 활용됩니다. 장식품, 미술품, 명품이나 생활용품 디자인을 보면 그 속에서 지도를 심심찮게 발견할 수 있습니다.

그러면 지리에서의 지도 활용법을 이야기하기 전에 지도의 다양한 의미와 쓰임새를 알아볼까요? 우선 지도는 모호한 개념이나 생소한 지역들을 이해하기 위한 길잡이가 됩니다. 즉 지도는 길이나 방법을 구체적으로 제시할 수 있습니다. 그래서인지 지도라는 말을 삶의 길잡이로 사용하는 책들이 자주 등장합니다. 에릭 와이너의 『행복의 지도』와 리처드 니스벳의 『생각의 지도』가 좋은 사례입니다.

『행복의 지도』에서 저자는 나라마다 행복의 기준이 다름을 알게 되면서 '진정한 행복'이 어떤 것인지를 고민합니다. 그는 이 문제에 대한 해답을 얻기 위해 1년 동안 10개국을 여행하며 고민을 풀어 나갔고, 이때의 경험을 책속에 담았습니다. 저는 특히 스위스와 카타르를 다룬 부분에서 강한 인상을 받았습니다. 우선 스위스 사람들은 고향에 대한 애착심이 무척이나 깊습니다. 그들은 심지어 자기

조상이 살던 고향을 여권에 표시하는데, 이는 각자의 출신지가 자신의 정체성을 규정한다고 생각하기 때문입니다. 특히 이웃을 믿는 것이 행복으로 가는 중요한 과정이라고 여깁니다. 그래서 이웃들에게 폐를 끼치지 않도록 생활 속 에티켓을 철저히 지킵니다. 일요일에 마당의 잔디를 깎거나 카펫을 터는 것을 금지해 놓은 곳이 많고, 발코니에 빨래를 너는 것은 전적으로 금지되어 있습니다. 또 밤 10시 이후에는 화장실 변기의 물을 내릴 수도 없다고 합니다. 다음으로 카타르는 사막에 위치한 국가입니다. 우리는 흔히 중동 지역은 물보다 휘발유가 더 쌀 거라 생각합니다. 하지만 카타르는 휘발유가 물보다 비싼 반면 물은 공짜로 공급된다고 합니다. 심지어 카타르 국왕은 자국민들에게 한 달에 7,000달러나 되는 용돈을 준다고 합니다. 여러분은 스위스와 카타르 국민들이 행복하게 살고 있다는 생각이 드나요? 행복에 대한 더 많은 이들의 생각이 궁금해졌다면 주저 말고 서점으로 달려가 보세요.

다음으로 『생각의 지도』는 동·서양인의 서로 다른 사고 방식을 다룬 책입니다. 이 책에 따르면 서양인들은 개별 사물이나 개인의 존재 가치를 중심에 두고 분석적으로 사고하는 경향이 있습니다. 반면에 동양인들은 집단의 성향과 조화를 이루는 것이 개인의 가치 위에 있고, 사람의 정체성은 다른 사람과의 관계를 통해 형성된다는 생각이 강합니다. 두 사람이 기대어 있는 모습을 사람 인(人) 자로 표현한 것도 동양인의 관계 중심적 사고를 반영합니다. 반면에 서양에서 사람(person)은 가면을 의미하는 페르소나(persona)란 단어에 배역(character)이라는 의미가 얹혀 있습니다. 즉 서양에서는 관계 이전에 개성(個性)을 더 중시합니다. 따라서 동양인들은 집단 속의 관계 형성을 통

〈그림 8-1〉 에릭 와이너의 책(좌)과 리처드 니스벳의 책(우)

해, 서양인들은 개인의 가치를 높임으로써 행복을 추구한 다는 해석이 가능해집니다. 이러한 차이를 아는 것에서부 터 시작하여 사회와 문화를 이해해 나가는 지도가 만들어 집니다.

그래서인지 이 두 책의 한글 제목에는 공통적으로 '지 도'가 들어갑니다. 그런데 『행복의 지도』의 원제는 'The Geography of Bliss'고, 『생각의 지도』의 원제는 'The Geography of Thought'입니다. 두 책 모두 지리(Geog-raphy)를 지도로 번역하고 있습니다. 지도는 영어로 'map' 이라고 쓰는데 왜 이런 번역이 나왔을까요?

저는 이렇게 생각합니다. 지도는 모르는 길을 찾아가는 이정표의 역할을 합니다. 또한 우리들은 어린 시절 보물 지도를 보며 미지의 세계를 찾아 나서려 했던 추억과 모 험심을 떠올리기도 하죠. 지리 안에는 길 찾기, 모험, 여행 등이 모두 포함되어 있고 이런 요소들을 선택하여 찾아가 기 위해 지도가 필요한 것입니다. 결국 지도는 다소 추상 적인 지리를 훨씬 구체적인 이미지로 바꿔 주는 도구입니 다. 위의 책들 역시 많은 이들이 쉽게 다가올 수 있도록 '지 리' 대신 '지도'를 사용하여 제목을 달지 않았을까요?

〈그림 8-2〉 세계 지도가 그려진 가방

계속해서 일상에서 사용되는 지도를 찾아보도록 하겠습니다. 우선 지도가 그려진 상품들이 있습니다. 모 명품 가방에는 세계 지도가 그려져 있는데 지도의 정밀함보다는 각 대륙의 형태가 자연스러운 패턴처럼 보이도록 부드럽게 처리했습니다.

예전에는 저택을 가진 영주나 재력가들이 집 안을 장식하려고 지도를 많이 구매했다고 합니다. 우리는 세계 지도에서 저마다 다른 모양의 해안선으로 둘러싸인 대륙들을 볼 수 있습니다. 이 대륙들은 우리가 사는 실제 세계의 모습인 동시에 추상화의 느낌을 주는 매력적인 패턴이기도 합니다. 여기다 약간의 삽화를 추가하고 화려하게 채색하면 꽤 멋진 예술 작품이 될 수도 있습니다.

우리나라의 예능프로그램에도 지도가 등장합니다. 육아 예능의 원조 격인 MBC의 〈아빠! 어디가?〉에서도 동네를 찾아가거나, 심부름을 완수하는 미션에서 항상 종이 지도를 아이들에게 나눠 줍니다. 그리고 아이들은 별로 어색해하지 않고 지도를 보며 미션을 해결합니다.

또한 지금은 거의 모든 자동차에 내비게이션이 장착되어 나옵니다. 1990년대만 하더라도 목적지까지 중간중간 차를 멈추고 지도책을 뒤적이는 모습이 흔했습니다. 그러나 요즘은 내비게이션으로 국내 거의 모든 곳의 이동 경로를 찾을 수 있습니다. 따라서 자동차와 내비게이션만 있다면 지독한 길치라도 전국 어디든 쉽게 돌아다닐 수 있습니다. 저의 경우 출퇴근길처럼 익숙한 길은 그냥 운전해서 가지만 전혀 모르는 곳에 갈 때는 내비게이션의 도움을 받습니다. 물론 가끔 복잡한 길을 갈 때는 헤매기도 하지만 내비게이션의 지시를 따라 운전하면 대체로 목적지에 잘 도착할 수 있습니다.

아울러 스마트폰이 대중화되면서 네이버 지도, 다음 지

도, 구글 지도 같은 전자 지도가 우리 일상 속으로 스며들었습니다. 이 지도들은 실시간으로 줌인&줌아웃을 하는 것이 자유롭습니다. 따라서 언제 어디서든 원하는 위치를 편리하게 찾을 수 있습니다.

교과서 중에도 지도를 담은 책이 따로 있습니다. 우리가 학교에서 사용하는 가장 비싼 교과서인 사회과부도와 지리부도입니다. 저는 학생들이 졸업하면서 책을 정리할 때 지리부도만은 버리지 말라고 당부합니다. 수능시험을 치른 다음 친구들과 놀러 갈 계획을 짤 때 지리부도가 매우 요긴하게 사용되기 때문입니다. 말이 나온 김에 학교에서 배우는 지도에 대한 내용을 조금 더 알아볼까요?

지도는 실제 지역을 축척, 방위, 기호 등을 이용해 종이를 비롯한 다양한 매체에 담아낸 것입니다. 이때 지도는 대부분 평면에 그려지는데 3차원인 현실 세계를 2차원의 평면으로 옮기기가 아주 골치 아픕니다. 일단 주변에서 쉽게 구할 수 있는 귤을 지구본이라고 생각해 봅시다. 귤껍질에 경위선을 매직으로 대강 그린 다음 귤을 예쁘게 까서 펼치면 〈그림 8-3〉과 같은 모양이 됩니다.

그런데 이런 모양의 지도는 휴대하기도 좀 힘들 것 같

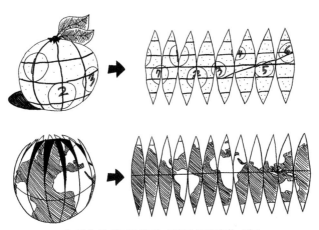

〈그림 8-3〉 지도를 만드는 과정에서 발생하는 왜곡

고, 조각난 대륙들을 맞춰 가면서 보려면 인내심도 많이 필요하겠죠? 이런 모양을 직사각형의 종이에 옮겨야 그나마 편하게 볼 수 있지만, 구체를 평면으로 만드는 과정에서 왜곡(歪曲, distortion)이 반드시 생깁니다. 거리를 정확하게 맞추려면 면적이 심하게 과장될 수 있습니다. 방향과 각도를 정확히 볼 수 있는 지도를 그리려면 대륙과 해양의 형태가 바뀔 수밖에 없습니다. 이 때문에 면적을 정확하게 맞출지[정적(定積)], 거리를 정확하게 맞출지[정거(定距)], 모양을 정확하게 맞출지[정형(定形)], 방향을 정확하게 맞출지[정방위(定方位)]를 선택해서 지도를 제작해야 합니다. 이들 중 한 가지를 정확하게 하면 나머지는 왜곡될 수밖에 없습니다. 따라서 지도를 만들 때는 도법(圖法)[1]을 사용해 위의 네 가지 요소들을 적절히 반영합니다. 도법은 무척이나 다양합니다만 여기서는 메르카토르 도법과 페터스 도법을 비교해 보겠습니다.

네덜란드의 위인으로 추앙받는 지도 제작자 헤르하르뒤스 메르카토르(Gerhardus Mercator)는 1569년에 지도상의 어떤 지점에서도 위선과 경선의 각도가 정확하게 유지되는 도법을 개발했습니다. 그는 이 도법으로 만들어진 지도에 자신의 이름을 붙여 '메르카토르 지도'라고 했습니다. 메르카토르 지도가 만들어지기 전에는 지도만으로 안전한 항해가 어려웠습니다. 그러나 메르카토르 지도는 그 위에 그려진 방위판과 직선을 통해 선원들이 쉽게 항로를 찾을 수 있도록 제작되었습니다. 항해사는 먼저 지도에 출발 지점과 목적 지점을 찍고 이 둘을 직선으로 연결합니다. 그다음 나침반으로 항해할 각도를 정합니다. 이때 나침반의 바늘이 지도에 미리 그어 둔 직선과 평행을 이루도

---

1) 작도법(作圖法)의 줄임말이며, 지리에서는 투영법(投影法)이라고도 합니다.

록 배를 운항하면 됩니다. 출발 지점에서 목적 지점까지 직선으로 그어진 항로와 지도의 경위선은 항상 일정한 각도로 교차하기 때문입니다.

이러한 특성을 가진 메르카토르 지도 덕분에 네덜란드는 대항해시대에 해상무역 강국으로 성장할 수 있었습니다. 그러나 이 지도는 훗날 북반구 국가들의 정치적 영향력 강화에 이용되기도 합니다. 메르카토르 지도에서 적도 주변에 있는 국가들은 모양과 면적이 거의 정확하게 투영되지만, 고위도에 위치한 국가들은 실제보다 면적이 훨씬 크게 그려집니다. 각도를 맞춘 대가로 면적의 정확도를 희생했기 때문입니다. 결과적으로 러시아, 유럽, 캐나다 등 북반구 중위도부터 고위도 지역 국가들의 면적은 메르카토르 지도 위에서 엄청나게 크게 그려집니다. 이 때문에 해당 국가의 지도자들은 자신의 나라가 크게 표현된 메르카토르 지도를 좋아했습니다. 한 예로 교과서나 지리부도에 실린 메르카토르 세계 지도에는 그린란드가 인도의 다섯 배 이상 거대하게 그려져 있습니다. 하지만 실제로 그린란드는 인도 정도의 크기입니다. 믿기지 않는다면 지금 바로 구글 검색창에 "The true size of⋯"라고 쳐 보세요.

실제 대륙의 크기를 비교해 볼 수 있습니다. 참! 메르카토르는 세계 지도 모음집에 최초로 '아틀라스(atlas)'라는 이름을 붙인 것으로도 유명합니다.[2] 메르카토르에 대하여 조금 더 깊게 알고 싶다면 BBC 다큐멘터리 〈지도 전쟁〉의 진행자였던 제리 브로턴 교수의 책『욕망하는 지도』중 7장「관용」을 읽어 보기 바랍니다.[3]

다음으로 페터스 도법을 살펴보겠습니다. 독일의 역사학자인 아르노 페터스(Arno Peters)는 1973년 자신이 새롭게 만든 지도를 발표합니다. 그는 이 지도가 400년 동안 주도권을 장악한 메르카토르 도법과 그 뒤에 숨은 유럽 중심주의를 대체할 최선의 대안이라 주장했습니다.[4]

---

2) 하나의 지도는 맵(map)이지만 맵이 여러 장 합쳐져서 한 권의 책을 이룬 지도책을 말할 때는 아틀라스(atlas)라고 합니다. 그리스 신화에 의하면 아틀라스는 거인족과 제우스 신의 전쟁에서 거인족 편을 들었다가 패전 후 제우스 신으로부터 두 어깨로 하늘을 받치고 있으라는 벌을 받게 됩니다. 그래서 본래 아틀라스는 '힘이 센 사람'을 뜻하는 어휘로 쓰였다가 메르카토르가『아틀라스: 세계의 지리학적 묘사』라는 제목의 지도책을 펴낸 이후에는 '지도책'이란 뜻으로 쓰이게 되었습니다. 그 책의 표지에 아틀라스가 지구를 짊어지고 있는 그림이 나와 있었기 때문입니다.

3) 제리 브로턴, 이창신 역, 2014,『욕망하는 지도』, 알에이치코리아, pp.321-373.

4) 제리 브로턴, 이창신 역, 2014,『욕망하는 지도』, 알에이치코리아, pp.534-566.

페터스 도법은 정적 도법으로, 지도에 각 나라와 대륙의 면적을 정확하게 표현합니다. 여기에는 모든 사람은 평등하며 더 중요한 나라도 덜 중요한 나라도 없다는 그의 사상이 녹아 있습니다. 이 지도는 페터스를 지지하는 반제국주의자와 반인종차별주의자들이 주로 사용해 왔습니다. 이들은 메르카토르 지도에서 적도 주변의 열대 지역은 정확한 면적으로 나타나지만, 열대 지역을 식민 지배했던 북반구의 제국주의 국가들은 상대적으로 크게 그려졌다고 비판합니다. 결과적으로 적도 주변에 위치한 피지배 국가들의 열등함이 부각된 것이지요. 이러한 이유로 페터스 지지자들은 메르카토르 도법을 사용하는 것이 제국주의 국가들의 입장을 수용하고, 그들의 경제적 수탈을 용인하는 것임을 맹렬하게 주장했습니다. 그러나 한편으로는 페터스 도법의 정확도를 증명할 만한 근거가 부족하며 도법의 기본 원리조차 반영하지 못했다는 비판이 제기되었습니다. 특히 유독 메르카토르 도법만을 집중적으로 비판하면서, 페터스 자신의 지도와 지도책을 노련하게 광고하고 있다는 비난도 받았습니다.

　메르카토르-페터스 논쟁 이후 1980년대에 들어서 내셔널지오그래픽협회는 표준 세계 지도 제작에 다른 도법을 적용하기로 결정하였고, 미국의 지리학자인 아서 로빈슨이 정각·정적 도법을 절충하여 고안한 로빈슨 도법을 채택하였습니다. 이 도법으로 그린 세계 지도는 메르카토르 도법이나 페터스 도법이 적용된 지도보다 면적과 모양의 왜곡이 현격히 적었습니다. 우리나라 국토지리정보원에서도 로빈슨 도법을 사용하여 세계 지도를 제작하고 있습니다. 현재 로빈슨 세계 지도의 영향력은 메르카토르 세계 지도보다 훨씬 큽니다.

이처럼 세계 지도는 반드시 왜곡이 발생하며, 수시로 바뀌는 세계의 역학관계를 가장 잘 반영할 수 있는 도법으로 그려져 왔습니다. 물론 지금은 구글 어스를 비롯하여 정확도가 향상된 지도들이 많이 만들어졌기 때문에 매우 객관적으로 세계를 볼 수 있습니다. 그러나 과거에 지도는 한 국가나 세계를 한눈에 볼 수 있는 유일한 도구였습니다. 따라서 지도는 아무나 만들 수 없었고, 권력과 지배의 이데올로기를 반영하여 만들어질 수밖에 없었습니다. 그렇기에 지도는 모두 주관적, 편파적, 정략적이라는 사실을 인정해야 합니다. 지도는 사람이 만들기 때문에 결코 정

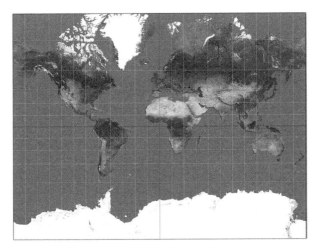

〈그림 8-4〉 메르카토르 도법으로 그린 세계 지도

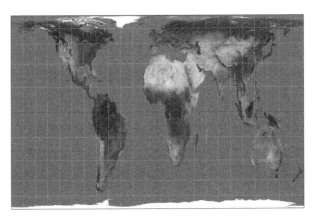

〈그림 8-5〉 페터스 도법으로 그린 세계 지도

확하지 못합니다. 그래서 지도를 '본다'라고 말하기보다는 '읽는다'라고 표현하기도 합니다.

어쩌면 우리도 매일 접하는 지도의 전형적인 모습에 익숙해져 있을지 모릅니다. 왜 북반구가 항상 지도의 위쪽에 있을까요? 오래전에 만들어진 고지도(古地圖)를 보면 지도의 중앙이나 위쪽에는 항상 중요한 곳을 그려 넣었습니다. 중세시대에 만들어진 티오 지도의 경우 중앙에는 예루살렘을 표시했고, 지도의 위쪽을 동쪽으로 정하여 천국을 묘사해 놓았습니다. 이와 마찬가지로 지금 우리가 보거나 그리는 세계 지도들은 모두 북반구 중심으로 그려져 있습니다. 만약 우리가 오스트레일리아나 뉴질랜드 또는 남아프리카공화국과 같은 남반구 국가에 살고 있었다면 세계 지도를 어떻게 그리려 했을까요?

〈그림 8-6〉은 메르카토르 도법하에 북반구를 중심으로 제작된 지도입니다. 그러나 〈그림 8-7〉의 지도는 좀 생소할 것입니다. 남반구를 단지 지도의 위쪽으로 가게 그린 것뿐인데 상당히 어색한 느낌이 들지요? 전에 이야기했던 '프레임'을 떠올리며 우리가 '원래 그런 것이다'라는 고정관념에 갇혀 있지는 않는지 반문해 봐야 합니다. 세상에

〈그림 8-6〉 우리나라에서 볼 수 있는 일반적인 모습의 세계 지도

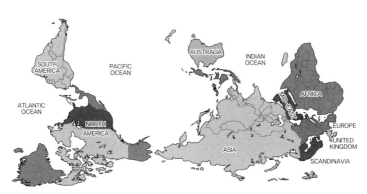

〈그림 8-7〉 오스트레일리아에서 볼 수 있는 모습의 세계 지도

원래 그런 것이라든지 당연한 것은 아무것도 없습니다.

지도 이야기도 거의 마무리되어 가고 있습니다. 다음은 지도를 통해 많은 사람의 생명을 구할 수 있었던 대표적인 사례입니다.

1854년 영국의 런던에서는 콜레라가 창궐했습니다. 당시에는 콜레라의 발생 원인을 알지 못했기 때문에 많은 사람이 속수무책으로 죽어 갔습니다. 그때 존 스노(John Snow, 1813~1858) 박사가 지역 주민을 인터뷰하고, 콜레라 사망자들의 위치를 파악했습니다. 그는 다른 조사원들과 함께 사망자의 거주지를 지도 위에 점과 막대로 표시해 나갔습니다. 그리고 표시된 점들의 밀집도를 분석하여 브로드가의 공동 펌프가 콜레라의 발생 지점이라고 결론지었습니다. 스노 박사는 공무원들의 협조를 얻어 펌프를 폐쇄했고 그 이후 콜레라로 인한 사망자는 더 이상 발생하지 않았습니다. 이처럼 스노 박사는 자신의 논리를 시각적으로 표현해야겠다고 생각했고, 이를 지도로 만들어 내는 발상을 통해 많은 사람들을 살릴 수 있었습니다.

이제 현대판 보물찾기에 대해 이야기하면서 지도 이야기를 정리해 보려 합니다. 저는 어렸을 때 보물섬을 자주

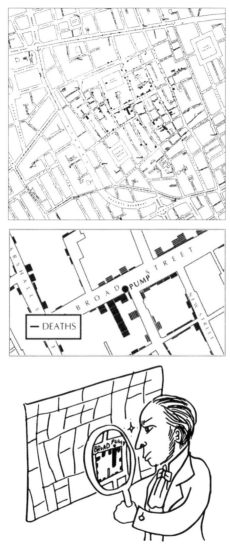

〈그림 8-8〉 존 스노 박사의 콜레라 감염 지도

동경했습니다. 해적선을 타고 망망대해를 누비며 어딘가에 묻혀 있을 엄청난 보물을 찾아 여행을 떠나는 해적이 되고 싶어 했죠. 그러나 근래 들어 소말리아 근처 아덴만에 출몰하는 해적들의 실제 모습을 보고 많이 실망했습니다. 제 상상과는 너무 달랐기 때문입니다. 그래도 저는 여전히 영화 〈캐리비안의 해적〉이나 애니메이션 〈원피스〉 등을 보면서 어린 시절 로망이었던 보물섬을 상상하고는 합니다. 비록 방식은 다를 수 있어도 암호를 해독하거나 위치를 추리하면서 뭔가를 찾아다니는 것은 즐거운 지리 생활이니까요.

다행히 저와 비슷한 생각을 가진 이들이 있었습니다. 『맵헤드』란 책에서 저는 보물 지도를 들고 보물을 찾으러 다니는 사람들의 존재를 알게 되었습니다. 『맵헤드』는 우리말로 '지리덕후'라고 번역되며 지리를 좋아하는 사람들에겐 필독서입니다. 여담이지만 제가 가장 많이 산 책이기도 합니다. 이 책에는 지오캐싱, 내셔널지오그래픽비[5], 지

---

5) '내셔널지오그래픽비(National Geographic Bee)'는 미국의 초중학생들(4~8학년)이 지리 실력을 겨루는 대회입니다. 전국 지리학회가 후원하며 학생과 교사들이 미국 지리에 더욱 많은 관심을 갖도록 하기 위한 목적으로 매년 실

도의 중요성 등 지리에 대한 다채로운 주제들이 가득 담겨 있습니다. 특히 제10장 「오버에지(Overedge)」편에서는 GPS로 보물을 찾아다니는 지오캐싱(geocaching)에 대한 이야기가 나옵니다.

　지오캐싱을 할 때 물건을 숨기는 용기(容器)를 '지오캐시'나 '캐시'라고 하고, 이를 찾아다니는 사람들을 '캐셔'라고 합니다. 여러 사람들이 캐시를 숨기고, 지오캐싱 사이트에 GPS 주소를 올립니다. 그러면 캐셔들은 그 주소가

시되고 있습니다. (참고: http://www.nationalgeographic.com/geography bee)

표시하는 지역으로 가서 캐시를 찾게 됩니다. 그야말로 현대판 보물찾기 게임입니다. 우리나라에도 지오캐싱 사이트(http://www.geocaching.co.kr)가 있습니다. 다음 QR코드를 찍어 볼

지오캐싱 사이트

까요? 이 사이트를 방문하시면 "전 세계 300만 개의 캐시가 여러분을 기다리고 있습니다"라는 글귀가 여러분을 환영해 줄 것입니다.

만약 여전히 지도가 어렵게 느껴진다면 세계 지도 그리기에 한번 도전해 보세요. 저와 학생들은 학교 수업 중 세계 지도 외워 그리기에 도전해 봤습니다. 주의를 집중해서 외우면 단 3분 만에 세계 지도를 그릴 수 있습니다. 물론 그보다 빨리 그리는 것도 가능합니다. 못 믿으시겠다면 다음 QR코드를 찍어 보세요. 저와 학생

3분 세계 지도 그리기

들이 함께 세계 지도를 3분 안에 그리는 동영상을 볼 수 있습니다.

그런데 왜 제가 학생들에게 세계 지도를 그려 보자고 했을까요? 바로 학생들이 지도와 친숙해져서 세상에 무엇이

있는지 관심을 갖길 바라는 마음에서입니다. 관심을 가지면 관찰하게 되고, 관찰하게 되면 관계를 맺을 수 있습니다. 지도는 이러한 관계 맺음의 범위를 세계 곳곳으로 확장해 줍니다.

지리를 모르면 길을 잃는다고 합니다. 특히, 지도를 읽지 못하면 그런 일이 벌어지기 더 쉬울 겁니다. 일상 속의 생활용품이자 지리 학습의 동반자, 다양한 이데올로기를 담아내는 그릇, 게임을 즐길 수 있는 아이템이 되기도 하는 팔방미인 '지도'와 좀 더 친해진다면 삶이 더욱 즐거워지지 않을까요?

 글쓰기 주제: 지리 창문을 열고 세상을 바라볼 때 달라 보이는 점을 아래 항목에서 골라 구체적으로 써 보자.

> 우리 집, 내가 살고 있는 동네, 우리 학교, 동네 편의점과 피시방, 커피숍, 백화점 내 층별 상점 배치, 대형마트와 백화점의 입지, 전통 시장 활성화 방안, 교통 발달에 따른 지역 변화의 모습

맺음말

  지금까지 지리와 얽혀 있는 세상의 여러 가지 요소를 알아보았습니다. '지리'라는 막연한 개념이 조금이나마 구체화되었나요? 정리하는 의미에서 각 장에서 이야기했던 주요 개념들을 한번 나열해 보겠습니다.

  우리는 지금껏 '지리−입지−공간−장소−이동−지역−스케일−지도'의 여덟 가지 주제를 가지고 이야기를 풀어 봤습니다. 한편으로는 필자들이 알지 못하는 사실들과 한정된 지면 그리고 급변하는 시대의 흐름에 비추어 볼 때 부족함도 느낍니다. 그렇지만 앞으로의 변화를 따라가기 위해서는 위의 8가지 주제를 하나로 뭉쳐 세상을 바라볼 수 있어야 합니다.

"지리는 공간 속에 자리를 잡아 장소를 만들고, 장소 간의 이동을 통해 지역성을 만들어 내며, 동시에 다양한 스케일로 세상을 바라보는 플랫폼이다. 이제 지도를 통해 지리를 느끼면서 다시 지도 밖으로 행군하는 용기를 갖자!"

위의 두 문장은 이 책의 뼈대이자 저자들의 바람입니다. 부디 독자 여러분 모두 이 책을 읽고, 참을 수 없는 지리적 본능을 느끼기를 바랍니다.

무어의 법칙에 따라 발달한 컴퓨터와 네트워크는 인류와 인공지능의 공존을 가능케 하고 있습니다. 앞으로의 10년은 누구도 경험하지 못한 파괴적 혁신으로 가득 찰 가능성이 큽니다. 그러나 눈 깜짝할 사이에 가설이 현실로 나타날 미래에도 세계 각국의 지리적 불균형은 여전히 영향력을 미치게 됩니다. 따라서 시간과 공간을 아우를 수 있는 지리적 마인드로 다양한 현상을 필터링할 수 있다면 변화무쌍한 세상 속에서 합리적인 지향점을 잡아낼 수 있을 것입니다.

지리는 인간과 자연을 통합하는 학문인 만큼 누구도 그 속성을 단정 지을 수 없습니다. 그래서 세상의 사람 수만큼이나 다양한 지리가 존재합니다. 사람과 사람의 만남은 소우주와 소우주의 만남과 같다는 말을 마음에 새기면서, 지도에 점을 한번 찍어 봅시다. 그리고 내가 찍은 점 속 어딘가에서 '살며 느끼며 사랑하고 있을' 이들을 생각하고 그들을 만나기 위해 튼튼한 두 다리로 걸으며, 때로는 교통수단에 몸을 실어 가며 모험을 시작해 봅시다. 새뮤얼 울먼의 시 「청춘」의 한 구절을 인용하면서 이 책을 마무리 짓고자 합니다. 아무쪼록 지리에 대한 애정과 관심을 통해 청춘을 더욱 즐길 수 있기를 바랍니다. 감사합니다.

… 청춘이란 두려움을 물리치는 용기,

안이함을 뿌리치는 모험심,

그 탁월한 정신력을 뜻하나니

때로는 스무 살 청년보다

예순 살 노인이 더 청춘일 수 있네.

누구나 세월만으로 늙어가지 않고

이상을 잃어버릴 때 늙어 가나니 …

·· 더 읽으면 좋을 책

1. 『나는 세계일주로 자본주의를 만났다』

코너 우드먼, 홍선영 역, 2012, 갤리온

언뜻 경제·경영서 같지만, 다른 어떤 책보다 지리책의 성격이 강하다. 저자는 여덟 개의 나라를 돌아다니며 공정무역 그리고 대기업과 저개 발국 간의 관계를 포착한다. 앞서 언급했던 '상품사슬'이라는 개념과 관련해서도 큰 도움을 받을 수 있는 책이고, 교과연계 독서 수업 교재로도 적절하다. 경제·경영학과를 지원하면서 지리 수업을 듣는 학생들에게 추천한다.

2. 『도시는 무엇으로 사는가』

유현준, 2015, 을유문화사

〈알쓸신잡 2〉에서 공간적 관점의 중요성을 설파한 유현준 교수의 책이다. 지리책은 아니지만 지리책처럼 보인다. 건축 분야에서도 이미 장소와 공간에 대해 큰 관심을 갖고 있고, 건축 또한 인간의 삶을 담는 그릇이므로, 인간과 환경의 관계를 다루는 지리학과 밀접한 관련이 있다고 생각한다. 인문·자연 계열 상관없이 지리 수업을 듣는 학생들에게 추천하는 책이다.

3. 『맵헤드』

켄 제닝스, 류한원 역, 2013, 글항아리

내가 가장 많이 산 책이다. "지리로 밥 먹고 사는 사람이 이 정도 지리는 알아야!"라고 생각하게끔 만드는 책이다. 저자인 켄 제닝스는 〈제퍼디 쇼〉에서 IBM의 인공지능 왓슨과 퀴즈 대결을 한 사람으로도 알려져 있으며, 우리나라에도 거주한 적이 있는 지리덕후다. 이 책을 읽으면서 지오 캐싱에 대해 알게 되었다.

4. 『박대훈의 사방팔방 지식 특강』

박대훈·최선을 다하는 지리 선생님 모임, 2015, 휴먼큐브

『지리 창문을 열면』의 저자들이 공저자로 참여한 책으로 여행, 음식, 문화, 생활, 경제, 스포츠에 담겨 있는 지리에 대해 쉽게 풀어 쓴 지리 교양서이다. 지리 파트의 '최초의 연애 컨설턴트, 지구', 여행 파트의 '하룻밤 사이에 이틀이 지났다', 문화 파트의 '〈뽀로로〉를 보면 세상이 보인다' 등 평범한 일상의 장면에서 지리를 뽑아내어 집필했다. 세상의 모든 중·고등학생들이 읽으면 좋을 책이다.

5. 『에디톨로지』

김정운, 2014, 21세기북스

이제는 편집학이다! 괴짜 김정운 교수(지금은 교수를 그만두었다)가 쓴 책으로, TV에서도 비슷한 내용으로 특강을 진행했다. 특히 권력과 시선의 관계, 공간 편집에 따른 인간 심리, 객관적인 세계 지도 등을 다룬 2부의 제목 자체가 '관점과 장소의 에디톨로지'로, 지리적인 색이 강하다. 통합적 시각, 편집의 시각, 에디톨로지를 갖추고 싶은 모든 사람에게 추천한다.

6. 『인문지리학의 시선』

전종한·서민철·장의선·박승규, 2017, 사회평론아카데미

지리전공 학부 1학년 때 자연지리학 개론과 인문지리학 개론을 배운다. 인문지리학 개론 공부에 어려움을 겪고 있을 때, 이 책으로 기본 틀을 잡고 체계를 세워 나갔다. 지리학과 또는 지리교육과에 진학하거나, 지리 교과에 특히 관심이 있는 고등학생들이 읽어 보면 좋다.

7. 『일상의 지리학』

박승규, 2009, 책세상

지리교육과 학부생일 때 지리 공부의 목적에 대해 고민이 많았다. 이 책의 한 구절을 보고, '우리는 모두 지리적 존재구나'라고 느꼈다. 전화를 할 때 항상 이렇게 시작하기 때문이다. "여보세요, 어디야?"

8. 『이어령의 지의 최전선』

이어령·정형모, 2016, 아르테

우리 시대의 석학 이어령 선생이 말하는 공간의 중요성을 담은 책으로, 이 시대에 필요한 지식은 지리문화학, 지정학이라고 줄기차게 주장한다. 지리책은 아니지만 읽다 보면 "이게 바로 지리야!"라고 무릎을 치며 공감하게 된다.

9. 『직업의 지리학』

엔리코 모레티, 송철복 역, 2014, 김영사

"어디 사느냐에 따라 당신의 연봉이 달라진다!"라는 도전적인 카피로 유명한 책이다. 이 카피와 마찬가지로 책에 대해서도 호불호가 뚜렷하게 나뉜다. '우리나라에서는 뭐든 서울로 가야 한다는 뜻인가?'라고 생각하게 되다가도 '내가 있는 곳에 혁신이 일어나려면 어떤 생태계를 만들어야 할까?'라는 도전적인 질문을 스스로에게 던지도록 만드는 책이다.

10. 『행복의 지도』

에릭 와이너, 김승욱 역, 2008, 웅진지식하우스

저자는 나라마다 행복의 기준이 다름을 알게 되면서 '진정한 행복'이 무엇인지 고민하게 된다. 그는 이 문제에 대한 해답을 얻기 위해 1년 동안 열 개의 나라를 여행하고, 이때의 경험을 바탕으로 이 책을 썼다. 개인적으로 스위스와 카타르 편이 특히 인상적이었다.

11. 「끌림」

이병률, 2010, 달

그 어떤 여행, 답사, 전공 전문 서적보다 심금을 울리는 표현들이 담긴
수필집이다. 아직도 내게 여운을 남기는 글귀 하나를 소개하고 싶다.
"잘못하면 스텝이 엉키죠. 하지만 그대로 추면 돼요. 스텝이 엉키면 그
게 바로 탱고지요. 사랑을 하면 마음이 엉키죠. 하지만 그대로 놔두면
돼요. 마음이 엉키면 그게 바로 사랑이죠." '지리'를 대놓고 강조하지 않
아도, 글에 빠져들다 보면 여기저기서 풍겨 오는 지리의 향 내음을 맡
을 수 있다.

12. 「노동 없는 미래」

팀 던럽, 엄성수 역, 2016, 비즈니스맵

고도의 인공지능이 본격적으로 인간의 노동을 대체하게 될 경우를 고
민한 책이다. 특히 인간의 '노동'과 '일'을 확실히 구분하고 있다. 전체
내용의 핵심은 '기본소득'의 도입을 통해 인간의 생활을 보장하고, 보다
창의적인 모습으로 기계와 공존할 수 있는 방향을 모색하자는 것이다.
아울러 자본주의의 본질을 비판적으로 꼬집은 부분도 주목할 만하다.
'일하지 않는 자, 먹지도 말라'란 관용구를 근본부터 분해해 보려는 시
도를 담았다.

13. 「늦어서 고마워」

토머스 L. 프리드먼, 장경덕 역, 2017, 21세기북스

4차 산업혁명과 인공지능이 변화시킬 미래에 대비하기 위해 인간이 수
행해야 하는 과제들을 서술한 책이다. 바둑 대국에서 알파고가 이세
돌, 커제 등에 압승한 이후로 사람이 인공지능에게 밀리는 분야가 급속

히 많아지고 있다. 앞으로 인공지능과의 공존이 불가피해지는 상황을 생각하면서 저자는 이 책에서 AI(인공지능, Artificial Intelligence)가 IA(똑똑한 조력자, Intelligent Assistance)의 역할을 하게 만드는 방법을 철학적으로 고민해 보도록 유도한다.

14. 『맥스 테그마크의 라이프 3.0』

맥스 테그마크, 백우진 역, 2017, 동아시아

인공지능과 더불어 살게 될 미래의 모습에 대해 물리학자의 시각으로 그 타당성을 하나하나 따져 보는 책이다. 특히 인류의 지능을 초월할 수 있는 '초지능'의 출현 가능성을 높게 보고 있다. 책 도입부에 초지능 등장 이후의 스토리를 SF 형식으로 기술하였으며, 이를 논증하기 위해서 물리학, 천문학, 컴퓨터 공학 등을 총동원하고 있다. 다소 난이도가 있는 물리철학서이다.

15. 『렉서스와 올리브나무』

토머스 L. 프리드먼, 장경덕 역, 2009, 21세기북스

2007년에 원저가 저술되었으며, 앞으로의 세상을 예측하는 저자의 식견으로 독자들의 큰 호응을 얻었다. 발간 후 10년이 지나 이 책을 펼쳤지만, 오래되었다는 느낌이 전혀 들지 않았다. 집필 당시 예견했던 많은 부분이 현실이 되었기에 그렇다. 특히 '황금 구속복'이라는 단어로 '세계화'의 본질을 정확하게 집어낸 책이기도 하다.

16. 『미래자동차 모빌리티 혁명』

정지훈·김병준, 2017, 메디치미디어

미래 사회의 판도를 바꿀 자율주행차의 발전 방향에 대하여 매우 구체적인 사례와 예시를 들고 있다. 특히 주장의 근거로 전문적인 연구 결과들을 상세히 제시하는 부분이 마음에 드는 책이다. 자율주행과 인공

지능, 전기자동차와 수소연료자동차 등의 급속한 발전이 앞으로 인류 사회에 가져다 줄 변화를 다양한 분야에 적용시켜 풀어내고 있다.

17. 『미들맨의 시대』

마리나 크라코프스키, 이진원 역, 2016, 더난출판사

미래 사회에서 생산자와 소비자의 연결을 담당할 미들맨의 중요성을 강조한다. 현재 활약하고 있는 미들맨들의 다양한 사례도 제시하고 있다. 주로 미국의 사례 중심이라서 쉽게 이해하기 어려운 부분이 섞여 있다는 게 옥에 티. 그러나 미들맨이 꼭 필요하며, 언젠가 자신도 미들맨이 될 가능성이 있다면, 필요한 사례들만 골라 읽어도 충분하다.

18. 『여행하는 인간』

문요한, 2016, 해냄출판사

정신과 의사 선생님이 쓴 책이라 그런지 읽은 후에 편안히 상담한 듯한 느낌을 받았다. '여행은 곧 치유'라는 말로 전체 내용을 요약할 수 있지만, 그러기 위해 우선 '자신을 오픈'시켜야 한다는 점도 강조하고 있다. 생각이 닫힌 채로 돌아다니는 것은 무의미하다는 말과 함께 여행은 인간의 본능이며 생존에서도 중요하다는 점을 이야기한다.

19. 『이렇게 일만 하다가는』

장성민, 2016, 위고

특별하지 않은 약사 출신 저자의 여행 경험을 다룬 책이다. 저자의 문장력이 예사롭지 않아 읽는 내내 공감과 감동, 당장이라도 여행을 떠나고 싶은 충동이 일었다. '당신이 잊고 있던 보딩패스에 관하여'란 부제목과 전체 목차를 훑어보면 어느덧 가슴속에 호기심이 솟아오르기 시작한다. 여행의 기술(技術)보다는 본질에 접근하는 책이다.

20. 『제2의 기계 시대』

에릭 브린욜프슨·앤드루 맥아피, 이한음 역, 2014, 청림출판

최근 4차 산업혁명을 다루는 책들마다 이 책을 참고 서적으로 언급한다. 그만큼 앞으로의 변화들을 구체적·철학적으로 잘 담아내고 있다. 특히 로봇의 인권 논쟁, 인공지능과의 연애 같은 것들이 일상화되는 날이 '올지, 오지 않을지'가 아닌 '언제 올 것인지'를 고민하면서 대비해야 한다는 주장을 펼치고 있다.

˙˙ 참고 문헌

[논문 및 도서]

권정화, 2010, 「지리 교육의 미래를 위한 구도 설정」, 대한지리학회지, 제 45권 제6호, 711-720.

데이비드 코드 머레이, 이경식 역, 2011, 『바로잉』, 흐름출판.

류재명, 2006, 『종이 한 장의 마법 지도』, 길벗어린이.

리처드 니스벳, 최인철 역, 2004, 『생각의 지도』, 김영사.

박승규, 2009, 『일상의 지리학』, 책세상.

서윤영, 2009, 『건축, 권력과 욕망을 말하다』, 궁리.

서은국, 2014, 『행복의 기원』, 21세기북스.

신영복, 2004, 『강의』, 돌베개.

에릭 와이너, 김승욱 역, 2008, 『행복의 지도』, 웅진지식하우스.

에스더 M. 스턴버그, 서영조 역, 2013, 『공간이 마음을 살린다』, 더퀘스트.

우석훈, 2011, 『나와 너의 사회과학』, 김영사.

윤경철·김명호·이강원·이현직, 2008, 『지도 읽기와 이해』, 푸른길.

이동우, 2014, 『디스턴스』, 엘도라도.

이푸 투안, 구동회·심승희 역, 2007, 『공간과 장소』, 대윤.

장하준, 이순희 역, 2014, 『나쁜 사마리아인들』, 부키.

재레드 다이아몬드, 김진준 역, 2005, 『총, 균, 쇠』, 문학사상.

제리 브로턴, 이창신 역, 2014, 『욕망하는 지도』, 알에이치코리아.

조철기, 2017, 『일곱 가지 상품으로 읽는 종횡무진 세계지리』, 서해문집.

존 어리, 강현수·이희상 역, 2014, 『모빌리티』, 아카넷.

토머스 L. 프리드먼, 이건식 역, 2013, 『세계는 평평하다』, 21세기북스.

한국교원대학교 지리교육과, 2011, 『지리과교육』, 제14호.

한국문화역사지리학회, 2013, 『현대 문화지리의 이해』, 푸른길.

한복진, 2009, 『우리 음식의 맛을 만나다』, 서울대학교출판문화원.

[그림 출처]

〈그림 8-4〉 메르카토르 도법으로 그린 세계 지도 By Strebe (CC BY-SA
3.0) https://commons.wikimedia.org/wiki/File:Mercator_projec
tion_SW. jpg

〈그림 8-5〉 페터스 도법으로 그린 세계 지도 By Strebe (CC BY-SA 3.0)
https://commons.wikimedia.org/wiki/File:Gall%E2%80%93Peters
_projection_SW.jpg

·· 집필진 소개

✍ 서태동

전남대학교 지리교육과와 한국교원대학교 대학원에서 지리교육 석사과정을 졸업하고, 전남대학교 대학원에서 지리교육 박사과정을 수료했다. 현재 광주광역시에 있는 전남대사대부고에서 지리 교사로 근무하고 있으며, 전남대학교에서 지리학 및 지리교육 강의를 하고 있다. 또한 전국지리교사모임과 최선을 다하는 지리 선생님 모임(이하 최지선)에서 활동 중이며, 광주지리교육연구회 회장, 한국지리환경교육학회 현장학습부장을 맡고 있다. 『지리사상사』, 『지리 답사란 무엇인가』를 함께 번역했고, 『테마와 스토리가 있는 세계여행: 세계편』, 『한 권으로 끝내는 지리 올림피아드』, 『박대훈의 사방팔방 지식 특강』에 공동 저자로 참여했다.

'나는 왜 지리를 가르쳐야 하고, 학생들은 왜 지리를 배워야 하는가?'에 대한 질문에 답을 찾아가는 여정에 있다. 비록 길치(방향치)이지만 지리와 운명적으로 만나게 된 후부터 누구보다 열심히 답사, 독서, 글쓰기로 지리를 공부하고 있다. 귀염둥이 딸과 아들이 좀 더 행복한 세상을 살아갔으면 하는 바람에서 치열하게 고민하며 연구와 공부를 병행 중이다.

블로그 주소: http://blog.naver.com/coolstd

✍ 하경환

고려대학교 지리교육과를 졸업하고, 서울대학교 대학원에서 환경교육 석사과정 및 지리교육 박사과정을 수료했다. 현재 서울시 양정고등학교에 근무하고 있으며, 최지선에서 활동 중이다. 『한 권으로 끝내는 지리 올림피아드』,『박대훈의 사방팔방 지식 특강』,『해양영토 바로알기』에 공동 저자로 참여했으며, 2018년 전자책으로『제 4차 교육혁명』을 출간했다.

'지리학은 모든 것을 담아낼 수 있는 플랫폼이자 링크(link)'라는 굳은 신념을 가지고 있다. 특히 지리학을 플랫폼으로 만들어 모든 이들의 활동과 생각이 스며들도록 하는 것이 지리학도의 지향점이라고 확신하고 있다. 아울러 "이게 지리야!"라는 목소리가 사라지는 날에 지리학의 전성기가 시작될 것이라 믿는 아방가르드주의자이다. 여러 분야의 책을 읽고, 내용들 간의 접점을 찾으면서 '지리의 향기와 양념'을 적절히 첨가하거나 추출해 내는 실험들을 블로그에 정리하고 있다. 어린 두 자녀에게 조금 더 나은 세상을 보여 주기 위해 everyday on duty!

블로그 주소: http://blog.naver.com/zephyr97

✎ 이나리

이화여자대학교 사회과교육과(지리교육 전공)를 졸업하고, 서울대학교 대학원에서 지리교육 석사과정을 수료했다. 현재 경기도 성남시 복정고등학교에서 지리 교사로 근무하고 있으며, 전국지리교사모임, 최지선에서 활동 중이다.『공부법 지리』에 공동 저자로 참여했다. 어린 시절부터 만화를 좋아해 그림으로 자기를 표현하는 활동 수업에 관심이 많고, 학생들이 즐겁게 참여하면서 배움이 일어날 수 있는 다양한 수업을 위해 고민하고 실천 중에 있다. 때로는 일탈을 꿈꾸지만 사춘기에 들어선 딸과 가족을 누구보다 소중히 여기는 대한민국의 평범한 워킹맘으로서 치열하게 살아가고 있다.

찾아보기

지리 창문을 열면
청소년을 위한 지리학개론

초판 1쇄 발행 2018년 10월 3일
초판 4쇄 발행 2020년 8월 24일

지은이 서태동·하경환·이나리

펴낸이 김선기
펴낸곳 ㈜푸른길
출판등록 1996년 4월 12일 제16-1292호
주소 (08377) 서울시 구로구 디지털로 33길 48 대륭포스트타워 7차 1008호
전화 02-523-2907, 6942-9570~2
팩스 02-523-2951
이메일 purungilbook@naver.com
홈페이지 www.purungil.co.kr

ISBN 978-89-6291-467-2 03980

ⓒ 서태동·하경환·이나리, 2018

*이 책은 ㈜푸른길과 저작권자와의 계약에 따라 보호받는 저작물이므로 본사의 서면 허락 없이는 어떠한 형태나 수단으로도 이 책의 내용을 이용하지 못합니다.

*이 도서의 국립중앙도서관 출판예정도서목록(CIP)은 서지정보유통지원시스템 홈페이지(http://seoji.nl.go.kr)와 국가자료공동목록시스템(http://www.nl.go.kr/kolisnet)에서 이용하실 수 있습니다. (CIP제어번호: CIP2018029933)